河南科技大学教材出版基金资助
普通高等教育"十三五"规划教材

大学计算机基础实验教程

李 敏　薛冰冰　主　编
田伟莉　张　虎　副主编

电子工业出版社
Publishing House of Electronics Industry
北京·BEIJING

内 容 简 介

本书包含 7 个实验专题共 52 个实验任务，内容涵盖计算机基础知识和硬件及软件系统、Windows 操作系统基础、常用 Office 办公软件、Visio 绘图、计算机网络基础等。本书内容丰富，给出了多个综合性强的实验任务，侧重实际操作能力的培养与技巧的掌握，进而提高大学生的综合素质和创新实践能力。

本书是与《大学计算机基础》（ISBN 978-7-121-31459-9）配套的实验教程，用于该课程的实验环节，也可以作为自学教材使用。

未经许可，不得以任何方式复制或抄袭本书之部分或全部内容。
版权所有，侵权必究。

图书在版编目（CIP）数据

大学计算机基础实验教程/李敏，薛冰冰主编 . —北京：电子工业出版社，2017.8
ISBN 978-7-121-31458-2

Ⅰ. ①大… Ⅱ. ①李… ②薛… Ⅲ. ①电子计算机-高等学校-教材 Ⅳ. ①TP3

中国版本图书馆 CIP 数据核字（2017）第 096019 号

策划编辑：戴晨辰
责任编辑：郝黎明　　特约编辑：张燕虹
印　　刷：三河市良远印务有限公司
装　　订：三河市良远印务有限公司
出版发行：电子工业出版社
　　　　　北京市海淀区万寿路 173 信箱　邮编 100036
开　　本：787×1092　1/16　印张：9.75　字数：249 千字
版　　次：2017 年 8 月第 1 版
印　　次：2017 年 8 月第 1 次印刷
定　　价：26.00 元

凡所购买电子工业出版社图书有缺损问题，请向购买书店调换。若书店售缺，请与本社发行部联系，联系及邮购电话：(010)88254888，88258888。
质量投诉请发邮件至 zlts@phei.com.cn，盗版侵权举报请发邮件至 dbqq@phei.com.cn。
本书咨询联系方式：dcc@phei.com.cn，192910558（QQ 群）。

  本书根据教育部大学计算机课程教学指导委员会发布的最新版《大学计算机教学基本要求》和全国计算机等级考试大纲编写，是与《大学计算机基础》（ISBN 978-7-121-31459-9）配套的实验教材。本书以突出"应用"和强化"能力"为目标，重在计算机实际应用能力的培养，它用于《大学计算机基础》课程的实验环节，也可以作为自学教材使用。

  本书内容丰富，侧重实际操作能力的培养与技巧的掌握，书中所有实验项目都是以任务驱动方式进行的。全书包含 7 个实验专题共 52 个实验任务，内容涵盖计算机基础知识、计算机的硬件及软件系统、Windows 操作系统基础、常用 Office 办公软件、Visio 绘图、计算机网络基础等。

  本书由长期从事一线教学的教师编写，李敏、薛冰冰任主编，田伟莉、张虎任副主编，李敏编写实验 5，薛冰冰编写实验 3 和实验 6，田伟莉编写实验 2 和实验 4，张虎编写实验 1 和实验 7。赵红英、李云龙、韩爱意参加了实验操作的视频录制工作。

  对于本书配套资源，读者可登录华信教育资源网（www.hxedu.com.cn）注册免费下载。

  在本书编写过程中，得到了电子工业出版社和编者所在学校的大力支持与帮助，在此表示由衷的感谢。由于编者水平有限，虽尽力跟踪计算机的最新技术应用，但书中难免存在疏漏之处，敬请读者批评指正。

编　者

实验 1　计算机结构的认知 ·· 1
　1.1　实验目的 ··· 1
　1.2　实验内容 ··· 1
　　　1.2.1　计算机的组装 ·· 1
　　　1.2.2　计算机的启动过程 ··· 10
　　　1.2.3　计算机的选购 ·· 11

实验 2　Windows 7 操作系统实验 ··· 19
　2.1　实验目的 ··· 19
　2.2　实验内容 ··· 19
　　　2.2.1　Windows 7 常用设置及基本操作 ··· 19
　　　2.2.2　Windows 7 的文件和文件夹操作 ··· 28
　　　2.2.3　Windows 7 系统管理及优化 ·· 32

实验 3　Office Word 2010 ·· 39
　3.1　实验目的 ··· 39
　3.2　实验内容 ··· 39
　　　3.2.1　求职简历 ·· 39
　　　3.2.2　文章的排版 ··· 46
　　　3.2.3　毕业论文的排版 ··· 52
　　　3.2.4　邮件合并 ·· 65

实验 4　Office Excel 2010 ·· 69
　4.1　实验目的 ··· 69
　4.2　实验内容 ··· 69
　　　4.2.1　工作表的数据编辑和格式设置 ··· 69
　　　4.2.2　公式、函数和图表的使用 ··· 73
　　　4.2.3　数据管理和分析 ··· 78

实验 5 Office PowerPoint 2010 ……………………………………………… 89
5.1 实验目的 ……………………………………………………………… 89
5.2 实验内容 ……………………………………………………………… 89
5.2.1 演示文稿的制作 ……………………………………………… 89
5.2.2 创建超链接与自定义动画效果 ……………………………… 94
5.2.3 演示文稿的个性化 …………………………………………… 99
5.2.4 综合实验演练 ………………………………………………… 105

实验 6 Microsoft Visio 的使用 ………………………………………………… 110
6.1 实验目的 ……………………………………………………………… 110
6.2 实验内容 ……………………………………………………………… 111
6.2.1 设计流程图 …………………………………………………… 111
6.2.2 用 Visio 绘制基本流程图 …………………………………… 111
6.2.3 自定义模具和形状 …………………………………………… 114

实验 7 网络与常用软件 ………………………………………………………… 117
7.1 实验目的 ……………………………………………………………… 117
7.2 实验内容 ……………………………………………………………… 117
7.2.1 组建小型局域网络 …………………………………………… 117
7.2.2 网络的基本管理和维护 ……………………………………… 130
7.2.3 IE 浏览器的使用 ……………………………………………… 134
7.2.4 常用软件的使用 ……………………………………………… 140

实验 1　计算机结构的认知

1.1　实验目的

1. 了解计算机的系统结构及组成。
2. 掌握计算机硬件系统各部件的功能。
3. 熟悉微型计算机的基本配置及组装过程。

1.2　实验内容

1.2.1　计算机的组装

计算机的硬件部分由主板、CPU、内存、硬盘、显卡等部件组成,通过操作系统的管理进行协调一致的工作。通过本实验,要能够顺利成完计算机散件的组装工作,并掌握计算机的启动过程,能够对计算机的工作过程进行分析。

任务一　计算机的组装

本次实验任务是硬件的组装,根据提供的散件,完成一台 PC 的组装工作,要求组装好的计算机能够一次启动成功。所需设备为 PC 主机箱内全部散件、显示器、键盘、鼠标等,如表 1-1 所示。

表 1-1　硬件组装所需散件清单表

部件名称	规格型号	数量
机箱	ATX	1
电源及附属连接线	根据当前主流配置及实验条件具体确定	1
主板及各类数据连接线	根据当前主流配置及实验条件具体确定	1
CPU	根据当前主流配置及实验条件具体确定	1
内存条	根据当前主流配置及实验条件具体确定	1~2
硬盘、光驱	根据当前主流配置及实验条件具体确定	1 套
显卡	根据当前主流配置及实验条件具体确定	1
显示器	根据当前主流配置及实验条件具体确定	1
键盘	根据当前主流配置及实验条件具体确定	1

大学计算机基础实验教程

续表

部件名称	规格型号	数量
鼠标	根据当前主流配置及实验条件具体确定	1
工具	螺丝刀、尖嘴钳、镊子等	1套
配套的螺钉、铜柱	随散件配套的螺钉、铜柱	若干

实验注意事项：

1. 实验过程中，首先要注意用电安全，操作过程要严格按照电器维护操作规程的要求进行。基本要求为：先断电后作业，严禁带电作业；组装好后，充分检查后再通电测试。

2. 安装过程中，对散件、设备的插拔动作要轻、柔，严禁野蛮操作。

3. 组装过程中要联系课堂所学习的各硬件部件的工作原理、功能及系统工作过程，更好地掌握系统的工作原理和过程。

4. 组装实验过程中应按照下述步骤有条不紊地进行：

（1）机箱的安装，主要是对机箱进行拆、装；

（2）电源的固定；

（3）硬盘、光驱的安装；

（4）CPU的安装，在主板的CPU插座上插入CPU，并且安装上散热风扇；

（5）内存条的安装；

（6）将主板固定在机箱中；

（7）显卡的安装，注意选择合适的插槽；

（8）机箱与主板间的连线，即各种指示灯、电源开关、PC喇叭的连接，以及硬盘、光驱、机箱面板线路和主板的连接；

（9）整理内部连线，将各种连线扎成线束后固定到合适的位置；

（10）连接外设输入/输出设备，完成主机与键盘、鼠标、显示器的连接；

（11）检测主机是否正常工作，给机器加电，若显示器能够正常显示，则表明安装正确，此时进入BIOS进行系统初始设置。若开机不显示，则要重新检查安装过程。

实验步骤：

1. 准备好机箱，将支撑主板的铜柱安装到位。

2. 安装电源：将电源放进机箱背板的电源位置，用螺钉固定。注意：在安装电源时要注意电源的方向，保证风扇位置和线束的位置正确。

3. 主板上散件的安装：因为机箱空间狭小，不便于安装，所以一般先把主板上的散件装好之后，再把主板置入主机箱内进行固定。

主板上各部件结构示意图如图1-1所示。

其中，各部件说明如下：

（1）CPU插座；

（2）4pin电源插座；

（3）内存插槽；

（4）24pin电源插座，可以是20pin插头+4pin插头共用；

（5）PCI-E X16插槽，插显卡的插槽；

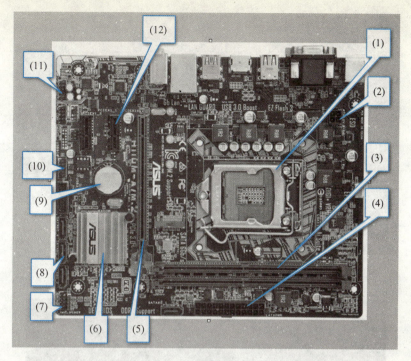

图 1-1 主板上各部件结构示意图

（6）主板芯片组；
（7）主机前面板开关、指示灯插座；
（8）SATA 端口，可以接 SATA 口的硬盘、光驱；
（9）CMOS 电池；
（10）机箱面板的音频口插座；
（11）机箱面板的 USB 插座；
（12）PCI-E X1 插槽，用于 PCI-E X1 接口的声卡、网卡等设备的扩展。

4. 安装步骤：

（1）安装 CPU

按压 CPU 插座的压杆，打开 CPU 的固定压盖，如图 1-2 所示。

拉起 CPU 插座的手柄，把 CPU 按正确方向并对其缺口标志后放进插座。安放到位时会自动沉下去，不需要使劲就可以安装到位。注意：如果 CPU 没有自己沉下去，切忌使劲按压，一定要拿出来检查是否放错了方向，而后再试，盲目地使劲会伤到插座。然后按下手柄，将 CPU 固定在主板上，如图 1-3 所示。

（2）安装 CPU 散热风扇

在 CPU 的中心位置涂上适量的散热硅胶并涂抹均匀，安装上 CPU 散热风扇。该风扇是用一个弹性铁架固定在插座上的，将风扇与 CPU 接触在一起，不要用力按压，以对角的顺序拧好固定的螺钉，如图 1-4 所示。

将风扇的电源线插到主板上"FAN"的插座上。如图 1-5 所示。

注意事项：

（a）开机前要保证 CPU 安装到位，CPU 散热风扇安装到位，电源线已经插接

图 1-2　打开 CPU 固定压盖后的 CPU 插座

图 1-3　按下手柄以固定 CPU

图 1-4　安装 CPU 散热风扇

图 1-5　连接 CPU 散热风扇的电源线

完成；

（b）CPU 的故障率极低，所以计算机的使用过程和维护过程中一般不要对 CPU 进行插拔，否则易引起接触不良的现象，甚至损坏插座。若在安装不到位的情况下开机，很可能会烧毁 CPU。安装过程中不可盲目用力按压，遇到问题时要及时重来，防止伤及设备，所以在安装时一定要检查处理器的针脚或插座的触点是否有损伤的现象，不要一味地插或拔，否则很容易损坏触点或插座。

（3）安装内存条

将内存插槽两端的锁扣向外扣开，将内存条的定位缺口对准内存插槽的定位槽，然后将内存条平行放入内存插槽中，按住内存条两端轻微向下压，如图 1-6 所示。听到"啪"的声音后，即说明锁扣已将内存条锁住，安装成功。

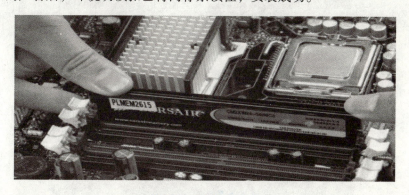

图 1-6　安装内存条

（4）安装硬盘和光驱

硬盘和光驱均安装在机箱固定的金属仓内，两侧分别用螺钉固定。有些品牌机的硬盘在硬盘两侧装有卡槽的轨道，做成抽屉式，像抽屉一样抽插即完成安装和拆卸，方便了维护工作。将硬盘和光驱固定好后，等主板安装到位后，要将数据线（一般均为红色的 SATA 数据线）分别连接盘体和主板上的 SATA 口，并将电源线插入盘体的电源插座。

(5) 安装主板

在安装主板之前,先将随机箱提供的主板支撑铜柱拧到机箱主板托架的对应位置上。注意:拧到不会松动即可,不要拧得过紧。将主板放入机箱中,对外输出端子在机箱背板的开口处对齐,用螺钉固定好即完成安装。同样要注意不要把螺钉拧得过紧,以免伤及主板。

(6) 安装显卡

将显卡插入插槽中后,用螺钉固定显卡。

(7) 插接电源线

为主板供电的插头和插座分别有防插错的钩和锁,只有按正确的方向才能插入并让插头的钩和插座的锁相咬合固定。主板电源插头和插座如图 1-7 所示,单独给 CPU 供电的电源插头如图 1-8 所示。

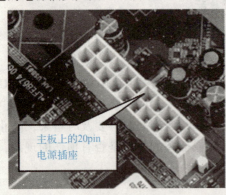

图 1-7 主板电源插头和插座

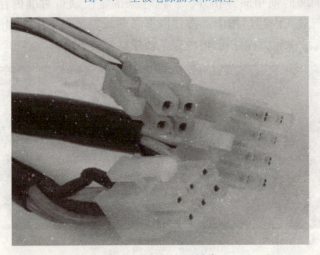

图 1-8 CPU 电源插头

(8) 插接 SATA 数据线

SATA 数据线接口采用防插错式设计,如图 1-9 所示。

(9) 插接电源线

硬盘、光驱采用 SATA 接口的电源插头,如图 1-10 所示。

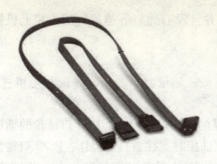 

图 1-9　SATA 数据线　　　　图 1-10　SATA 接口的电源插头

（10）机箱面板 USB 接口的插接

一般的主板在背部处提供四个 USB 接口，主机箱面板上的 USB 接口要通过连线插接到主板的 USB 插座上，如图 1-1 中第（11）项所示。主板上提供的前置 USB 接口一般有两组，每组可以外接两个 USB 接口，分别是 USB4、5 与 USB6、7 接口，最多可以在机箱的前面板上扩展四个 USB 接口。

主板上还有集成的音频芯片和网卡芯片，并且性能上完全能够满足绝大部分用户的需求。为了方便用户的使用，目前大部分机箱除了具备前置的 USB 接口外，音频接口也被集成在机箱的前面板上，组装时应该将前置的音频线与主板正确地连接。

最后，将连接机箱上的电源键、重启键的连线插入主板的插座，如图 1-11 所示。

图 1-11　插接好各连线的机箱内部示意图

（11）整理内部连线、装机箱盖

在以上所有设备安装完毕后，将线束扎好，最好能够固定在机箱的某个边角，以保证美观、安全。最后，在确保安装无误并且没有螺钉等遗落物后，装上机箱盖，拧好螺钉，主机组装完成。

5. 外设的连接：

主机安装完成以后，还要把键盘、鼠标、显示器、音箱等外设与主机连接起来，具体操作步骤如下。

（1）目前，PS/2 口和 USB 口都是常见的键盘接口形式。USB 口键盘的插接较为简单，但因为 PS/2 口是针脚形式的插头，在插接时要注意科学操作。PS/2 口键盘插接的要求是：关机（严禁带电插拔）后，将键盘 PS/2 插头的定位销与主板 PS/2 插座的定位孔对齐后插好，在键盘的插头上都标有定位方向标志，中间有定位销，要防止插错，并要防止断针、弯针造成硬件损失。

（2）将 USB 鼠标插头接到主机的 USB 插座中。

（3）连接显示器的数据线，插接时，插头和插座的方向保持一致即可顺利插接。

（4）注意：在连接显示器的信号线时不要用力过猛，以免弄坏插头中的针脚。

（5）连接显示器的电源线。

（6）最后连接主机的电源线。

至此，所有的设备都已经安装好，可以启动计算机检测组装效果。按下机箱面板上的电源按钮，可以听到 CPU 风扇和主机电源风扇转动的声音，还有硬盘启动时发出的声音（很细微的声音，若不专心听则可能听不到）。显示器开始出现开机画面，并且进行自检。

6. 如果在启动中显示器没有点亮，可以参考以下步骤查找原因：

（1）确认主机电源插接正确，主机电源已供电。

（2）确认主板上电源插接正确。

（3）确认 CPU 安装正确，CPU 散热风扇通电。

（4）确认内存安装正确。

（5）确认显卡安装正确。

（6）确认主板内的信号连线正确。

（7）确认显示器与显卡连接正确，并且确认显示器通电。

如果上述安装都正确但显示器仍未点亮，则要找专业维护人员来诊断、查找故障。

任务二　BIOS 的设置

BIOS（Basic Input/Output System）即基本输入/输出系统，是固化在计算机 ROM（只读存储器）芯片上的程序，为计算机提供最基础的硬件控制与支持。

实验步骤：

启动计算机后，在屏幕显示"Waiting…"时，根据屏幕输出的提示按下 Del 键进入 CMOS 设置界面，如图 1-12 所示。在主界面中用方向键移动光标选择 CMOS 设置界面上的选项，然后按 Enter 键进入二级窗口，按 Esc 键返回上级菜单，按 PageUp 和 PageDown 键选择具体选项，按 F10 键保留并退出 BIOS 设置。

（1）页面内容描述

（a）STANDARD CMOS SETUP（标准 CMOS 设置）：设置系统日期、时间、硬盘规格、工作类型以及显示器类型。

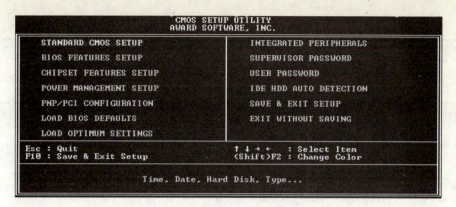

图1-12　CMOS 设置界面1

（b）BIOS FEATURES SETUP（BIOS 功能设置）：设置 BIOS 的特殊功能，如病毒警告、开机磁盘引导顺序等。

（c）CHIPSET FEATURES SETUP（芯片组特性设置）：设置 CPU 的工作参数。

（d）POWER MANAGEMENT SETUP（电源管理设置）：设置 CPU、硬盘、显示器等设备的电源管理方案，如省电功能等。

（e）PNP/PCI CONFIGURATION（PnP 即插即用设备与 PCI 组态设置）：设置即插即用设备的中断及其他参数。

（f）LOAD BIOS DEFAULTS（加载 BIOS 预设值）：加载 BIOS 初始设置值，常用来在出现错误设置时恢复原始设置值。

（g）LOAD OPRIMUM SETTINGS（加载主板 BIOS 出厂设置）：BIOS 的基本设置，用来确定故障范围。

（h）INTEGRATED PERIPHERALS（集成设备相关设置）：主板集成设备的设置。

（i）SUPERVISOR PASSWORD（管理员密码）：设置本机管理员进入 BIOS 的密码，或重新输入以修改设置密码。

（j）USER PASSWORD（用户密码）：设置启动开机密码。

（k）IDE HDD AUTO DETECTION（自动检测 IDE 硬盘类型）：自动检测硬盘容量、类型。

（l）SAVE&EXIT SETUP（保存并退出设置）：保存已经更改的设置并退出 BIOS 设置。

（m）EXIT WITHOUT SAVE（不保存并退出 BIOS 设置）：不保存已经修改的设置，并退出设置。

（2）BIOS 报警声音含义

在开机启动过程中，硬件检测时遇到错误或故障，BIOS 会发出"嘀嘀"的蜂鸣声以示警告。本实验以 Award BIOS 设置为例来介绍开机自检时报警声音含义，如表1-2所示。

（注意：关于计算机使用的 BIOS 型号可从 BIOS 芯片上或者从开机自检的信息中看到，常见的还有 AMI BIOS 和 Phoenix BIOS，如看到 AMI 字样则为 AMI BIOS；如看到 Award 字样则为 Award BIOS。）

表 1-2 Award BIOS 报警声音含义

声音形式	含义及简单处理办法
1 短	系统硬件无故障，系统正常启动
2 短	常规错误，进入 CMOS Setup，重新设置不正确的选项
1 长 1 短	内存或主板出错，清洁内存条或将其重新插拔，若仍然报警，则检查主板是否存在故障
1 长 2 短	显卡或显示器故障
1 长 3 短	键盘控制器故障，检查主板
1 长 9 短	主板 Flash RAM 或 EPROM 故障、BIOS 故障都会发出此声音
不停地响（长声）	内存条未插好或损坏，重新插拔内存
不停地响	显卡与电源、显示器连接不正确，检查插头的插接情况
重复短响	电源问题
无声音、无显示	系统硬件故障或电源有问题，做重点检查

1.2.2 计算机的启动过程

任务 观察开机启动过程，掌握计算机的工作过程

实验步骤：

配合使用 Pause 键，观察开机过程，按照下列内容分析、了解计算机的启动和工作过程。

1. 按下电源按钮，电源开始向主板和其他设备供电，主板上的控制芯片组会向 CPU 发出并保持一个 RESET（重置）信号，让 CPU 内部自动恢复到初始状态，但 CPU 在这时还没有执行指令。当芯片组检测到电源已稳定供电时便撤销 RESET 信号（如果是按下计算机面板上的 Reset 按钮来重启计算机，松开该按钮时，芯片组就会撤销 Reset 信号），CPU 立刻从地址 FFFF0H 处开始执行指令，在系统 BIOS 的地址范围内存放着一条跳转指令，跳到系统 BIOS 中的启动程序处。

2. 系统 BIOS 的启动程序先进行 POST（Power On Self Test，上电自检）过程，POST 的主要任务是检测系统中的硬件设备是否存在及其状态，例如内存和显卡等设备。由于 POST 是第一个进行的检测过程，显卡还没有初始化，如果系统 BIOS 在进行 POST 的过程中发现了一些致命错误，例如没有检测到内存或者内存有故障（此时只会检查 640KB 常规内存），BIOS 就会控制喇叭发出"嘀嘀"的蜂鸣声来报告错误，声音的长短和次数代表了错误的类型。在正常情况下，POST 过程进行得非常快，很难看到它的过程，POST 结束之后就会调用其他程序来进行更完整的硬件检测。

3. 系统 BIOS 将查找显卡的 BIOS。存放显卡 BIOS 的 ROM 芯片的起始地址设在 C0000H 处，系统 BIOS 在这个地址找到显卡 BIOS 之后就调用它的初始化代码，由显卡 BIOS 来初始化显卡，此时多数显卡都会在屏幕上显示出一些初始化信息，介绍生产厂商、GPU 芯片类型等内容。系统 BIOS 接着会查找其他设备的 BIOS 程序，找到之后同样要调用这些 BIOS 内部的初始化程序来初始化对应的设备。

查找完所有其他设备的 BIOS 后，系统 BIOS 将显示启动画面，其中包括系统 BIOS

的类型、序列号和版本号等内容。

4. 系统 BIOS 检测和显示 CPU 的类型和工作频率，而后开始测试所有的 RAM，并同时在显示器上显示内存测试的进度。可以在 CMOS 设置中选择使用测试的方式。

5. 内存测试通过之后，系统 BIOS 将开始检测系统中安装的一些标准硬件设备，包括硬盘、CD-ROM、串口、并口、USB 等设备，以及自动检测和设置内存的定时参数、硬盘参数和访问模式等。

6. 标准设备检测完毕后，系统 BIOS 内部的支持即插即用的代码将开始检测和配置系统中安装的即插即用设备，每找到一个设备，系统 BIOS 都会在屏幕上显示出设备的名称和型号等信息，同时为该设备分配中断、DMA 通道和 I/O 端口等资源。

7. 至此，所有硬件都已经检测配置完毕，系统 BIOS 会在屏幕上方显示出表格，将系统中安装的各种标准硬件设备以及它们使用的端口资源、相关工作参数等进行罗列显示。

8. 接下来，系统 BIOS 将更新 ESCD（Extended System Configuration Data，扩展系统配置数据）。ESCD 是系统 BIOS 用来与操作系统交换硬件配置信息的一种手段，这些数据被存放在 CMOS（一小块特殊的 RAM，由主板上的电池供电）中。通常，ESCD 数据只在系统硬件配置发生改变后才会被更新，所以不是每次启动机器时，我们都能够看到 "Update ESCD… Success" 这样的信息。

9. ESCD 更新完毕后，BIOS 的启动代码将根据用户指定的启动顺序从优盘、硬盘或光驱启动。以从 C 盘启动为例，系统 BIOS 将读取并执行硬盘上的主引导记录，主引导记录接着从分区表中找到第一个活动分区，然后读取并执行这个活动分区的分区引导记录，而分区引导记录将负责读取并执行 IO.SYS，这是 Windows 最基本的系统文件。Windows 的 IO.SYS 首先要初始化一些重要的系统数据，然后显示出经典的 Windows 的开机画面（蓝天草地或窗户画面）。这幅画就像一幅门帘，在画面遮盖之下，Windows 将继续完成 GUI（图形用户界面）部分的引导和初始化工作。

如果系统中安装有引导多种操作系统的工具软件，通常主引导记录将被替换成该软件的引导代码，这些代码将允许用户选择一种操作系统，然后读取并执行该操作系统的基本引导程序。

热启动时，即我们在任务管理器中选择重新启动计算机的启动过程时，POST 过程将被跳过去，直接从以上的第 3 步开始，另外第 5 步的 CPU 检测和内存测试也不再进行。我们可以看到，无论是冷启动还是热启动，系统 BIOS 的启动过程都不会改变。

为了便于记忆和理解，上述过程可概括成如图 1-13 所示的流程图。

注意：以上各步骤中使用的是单系统的标准 MBR，其他多系统引导程序的引导过程与此不同，在实际安装使用时要多加注意。

1.2.3　计算机的选购

任务　计算机的选购

个人购买散件组装计算机，要运用已有的硬件知识基础，进行主板、CPU、内存、

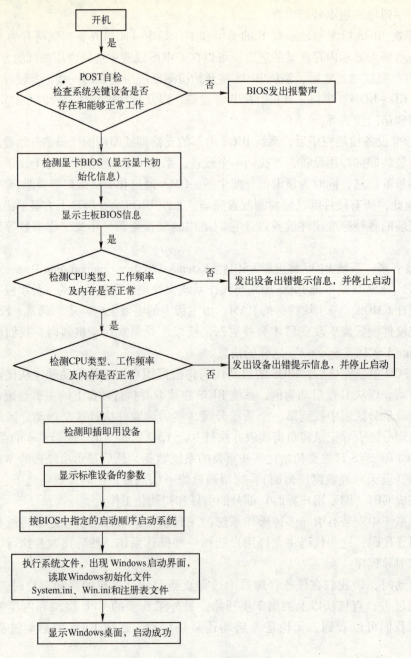

图 1-13 计算机开机流程图

硬盘、显卡、显示器、光盘驱动器、键盘与鼠标、机箱与电源、常用配件等设备的定型与选购。

选购计算机的指导思想：按需配置，够用为度。

1. 主板的选购

主板作为硬件系统各部件的载体，其品质将直接影响到整个机器的性能，在选购主板之前应先了解和掌握主板接口、插座插槽、芯片组、BIOS 芯片和 CMOS 电池等内容。

主板按照板型主要分为 Baby–AT 型、ATX 型、Micro–ATX 型、NLX 型和 BTX 型等几种。其中，Baby–AT 型目前已经被淘汰，ATX 型通过使用 ATX 电源，可以支持软关机与远程启动计算机等，是目前市场上的主流主板。

选购主板时，应主要考虑三个因素，即主板品牌、技术指标、主板做工和用料。目前，在电子市场上的知名主板品牌主要有华硕、技嘉和微星等。

主板的技术指标主要有使用平台、芯片组和主板布局等。由于目前生产 CPU 的厂商主要是 Intel 和 AMD 两大公司，因此在选购主板时首先要了解选购的 CPU 属于哪家厂商，Intel CPU 只能用在 Inter 平台的主板上。主板上的芯片组决定了主板的主要参数，如所支持的 CPU 类型、内存容量和类型、接口和工作的稳定性等。在选购主板时还要观察主板的设计布局，主板布局设计不合理会影响芯片组的散热性能，进而影响整个机器性能的发挥。优秀的主板无论做工和用料都会非常讲究，要求：主板线路板光滑，没有毛刺，各接口处焊点结实饱满，主板上的参数、数据标注清晰。对于主板用料要重点关注关键部分的元件，一般来说使用固态电容、封闭电感和高品质接插件的主板的性能会比较好。

主板的保修期一般为三年，个别品牌会有五年的质保。

2. CPU 的选购

CPU 的性能指标包括主频、外频、前端总线频率、CPU 的位与字长、倍频、缓存、CPU 扩展指令集、CPU 内核与 I/O 工作电压。目前，世界上生产 CPU 的主要厂商有 Intel、AMD、IBM、VIA 及 Transmeta 等，主流市场是 Intel 和 AMD 两家公司的产品。

Intel 处理器的产品线涵盖了从低端的赛扬系列处理器到高端的酷睿处理器和服务器专用的至强处理器。其主流产品有以下系列。

（1）奔腾双核、赛扬双核：较低端的处理器，能够满足一般的上网、办公、看电影需求。

（2）酷睿 i3：中端处理器，一般认为是酷睿 i5 的精简版，除了可以满足上网、办公、看电影的基本需求之外，还可以玩网络游戏或大型单机游戏。

（3）酷睿 i5：高端处理器，除了具备 i3 的功能外，还支持较高的游戏效果。

（4）酷睿 i7：高端发烧友级处理器，可以实现常用的网络应用，还能以最高效率运行发烧级的大型游戏。

AMD 公司推出的 CPU 主流产品有以下系列。

（1）闪龙系列：低端处理器，有单核和双核，能够满足上网、办公、看电影需求。

（2）速龙系列：中端处理器，有双核和多核，除了可以满足上网、办公、看电影需求之外，还可以玩网络游戏或大型单机游戏。

（3）羿龙系列：高端处理器，有双核、三核、四核、六核及八核，是发烧友级处理器，是 Intel i7 处理器的竞争对象。

选购 CPU 要考虑三个方面内容：购买计算机的用途、CPU 主频、包装方式和售后服务。

一般认为 AMD 的 CPU 在游戏方面的性能更加出色，性价比更高。Intel 的 CPU 在办公、上网、图形设计方面的表现更胜一筹。因此，如果是为了家用，可以选购 AMD；如果是办公或者进行设计工作，可以选购 Intel。

CPU 的主频越高越好，核数多的优于核数少的，但要综合考虑自己的需求与预算的价格。

CPU 的包装方式分为盒装和散装两种。盒装 CPU 有原装的包装盒，内有质量保证书和自带的 CPU 风扇、散热片。散装 CPU 只是一块 CPU，需要自己再购买散热片和风扇。综合比较，两者价格相差不大，但盒装 CPU 有完善的售后服务，选购时也要考虑。

CPU 的保修期随盒装和散装的形式有所区别，盒装 CPU 的保修期为三年，散装 CPU 的保修期为一年。

3. 内存的选购

选购内存应考虑内存插槽的规格、容量、品牌和兼容性等方面。目前，市场上的主流内存是 DDR4 内存，单条内存容量和存取速度较 DDR3 内存大大提高。内存单条容量通常为 1GB、2GB、4GB、8GB 等。比较知名的内存品牌包括现代、金士顿、金邦等。另外，不同主板支持不同类型、不同品牌的内存，因此在选购内存时需要考虑主板是否支持该类型。

内存的保修期随品牌的不同有较大差异，一般有三年质保、五年质保甚至终身质保，在购买时要注意。

4. 硬盘的选购

选购硬盘时，应重点考虑硬盘的稳定性和性能。

硬盘的性能主要包括硬盘的外部接口速率、硬盘容量、缓冲区容量、内部接口速率、无故障工作时间、噪声和温度等。目前，硬盘的主流接口为 SATA2.0，传统硬盘容量应在 500GB 以上，固态硬盘容量应该在 30GB 以上，缓冲区容量应该在 8MB 以上，转速为 7200r/min。

在硬盘的用途上，企业级硬盘主要针对企业级应用，主要应用于服务器、存储磁盘阵列等，有 SAS、FC、SATA 等接口。桌面级硬盘主要针对家庭和个人用户，应用在台式机、笔记本电脑等领域，主要接口为 SATA。

目前，生产传统硬盘的主要厂商有希捷、日立、西部数据和三星。固态硬盘的生产厂商则较多，除了以上的生产厂商外，还有 IBM、Intel、金士顿、现代、威刚等。

硬盘的保修期一般为 3 年。

5. 显卡的选购

显卡主要有集成显卡和独立显卡两大类。集成显卡的功耗低、发热量小、价格便宜，但不能换新显卡，如要更换，就只能另买独立显卡，或更换主板。独立显卡有独立的显存，一般不占用系统内存，性能强劲，比集成显卡有更好的显示效果和性能，但系统功耗有所加大，发热量也较大，价格稍贵于集成显卡。

选购显卡时应考虑其用途、显存容量、显示芯片、显存位宽和品牌等方面。若只是办公、家庭使用，因为对图形图像的处理不是专业级的要求，可以选购价格较低的独立显卡或集成显卡；网吧的应用要考虑大型游戏的要求，可以参照专业级甚至发烧友级的要求，选配高端显卡。

显卡的主流品牌包括 Intel、ATI、NVIDIA、VIA、SIS、Matrox 和 3D Labs 等，其中 Intel、VIA 和 SIS 厂商的主要产品为集成芯片；ATI 和 NVIDIA 厂商的主要产品为独立芯片；Matrox 和 3D Labs 厂商的产品主要针对专业图形处理用户。

显卡的保修期随品牌不同差异较大，一般为一年或三年。

6. 显示器的选购

选购 LCD 显示器时应考虑亮度与对比度、可视角度、响应时间、数字接口和坏点数。一般 LCD 显示器的亮度在 $300cd/m^2$ 以上，对比度在 500∶1 以上。可视角度在同等价格下比值较大的显示器。响应时间应以人肉眼看不到拖尾现象为宜。LCD 显示器包括 VGA 接口和 DVI 接口。如果对画质的要求较高，在选购 LCD 显示器时，可以考虑 DVI 接口。坏点数是显示器的硬件指标，出现坏点后无法修复，在选购时要重点检查。

显示器的保修期为一年，过了保修期后的售后服务价格差异很大，主要是配件价格和工时费价格。

7. 光盘驱动器的选购

目前，CD-ROM 的技术已经相当成熟，而且 CD-ROM 比 DVD-ROM 和 DVD 刻录机的价格便宜。DVD 光驱主要是 DVD-ROM 和 DVD 刻录机。DVD-ROM 的性能指标包括数据传输率、数据缓冲区、平均寻道时间和接口。DVD 刻录机的性能指标还包括倍速、缓存和防缓存欠载技术，选购时要结合用途进行综合考虑。在购买光驱时，应考虑读盘能力、倍速、品牌和售后服务等。光驱倍速越高，读盘速度越快。目前，市场上光驱的倍速完全可以满足用户的需要。光驱的主流品牌有华硕、明基和三星等。一般大品牌的设备在售后服务上也是有保证的。

光驱的质保期一般为三个月包换，一年保修。

8. 键盘与鼠标的选购

选购键盘和鼠标应该从键盘、鼠标的功能、做工、手感、品牌和按键布局以及外形等方面入手，以选购到合适的键盘和鼠标。

键盘、鼠标属于易耗品，保修期较短，一般为一年。

9. 机箱和电源的选购

选购机箱时要从外观、制作材料、品牌和附加功能等方面考虑。高质量的机箱钢板边缘不会有毛边毛刺，机箱的各个插槽定位准确；箱内有撑杠，以防止侧面板下沉；底板比较厚重结实，在抱起机箱时不会变形；机箱外面的烤漆均匀，不会掉漆也不会生锈。目前，主要的机箱品牌有 Tt、金河田、大水牛、技展、航嘉等，用户在选购时应尽量选择这些名牌产品以保证机箱的质量。在细节上，还要考虑机箱面板上的按钮、音频插孔和 USB 插孔的布局位置是否合理等。

选购电源时应从功率、版本、认证标志、品牌、做工和效率等方面考虑。目前，市场上的电源品牌众多，有航嘉、长城、大水牛和金河田等。不同厂家生产的电源具有不同的特点，用户应尽量选购这些大厂家的产品，以保证计算机能稳定工作并延长硬件的使用寿命。

机箱、电源的保修期一般为三年，有些电源厂家给出的保修期为五年，在购买时要注意。

10. 选购常用计算机配件

计算机常用配件包括音箱、摄像头、耳麦、无线路由器和无线网卡等。在选购时要结合自身的需求，选购性价比较高的设备，不要刻意因追求时尚而忽视了功能，从而造成浪费。

11. 选购笔记本电脑

购买笔记本电脑的配置思路与台式机的配置思路一致，但由于笔记本电脑是便携式计算机，所以还要考虑一些具体的细节问题。在硬件配置相同的情况下，主要考虑显示器的大小，因为显示器的大小直接影响整机的体积与重量。通常情况下，屏幕尺寸越大，整机重量也越大，不便于携带。笔记本电脑的屏幕从 11 英寸到 15 英寸以上的配置有很多机型可供选择。若是为了外出办公临时使用，可以选择较小的屏幕；若是放在固定地点替代台式机使用，可以选择大屏的机型。建议选择 14 英寸的屏幕，其大小合适，重量适中，可满足大多数用户的需求。对同等配置的笔记本电脑，应优先考虑金属面板和底板的机型，这种机型的手感和散热效果都优于塑料材质的机型。若是本着以笔记本电脑替代台式机使用的想法，还是建议选购台式机为宜，因为在同等价位下，台式机在配置、使用的方便程度、散热、维护等方面均优于笔记本电脑。

12. 配置单举例

根据以上选购的建议内容，给出三张针对不同用户的配置单，分别如表 1-3、表 1-4、表 1-5 所示。

表 1-3　家庭用机配置单

项目	设备	型号参数	数量	单价（元）	保修期
1	CPU	Intel 酷睿 i3 6100	1	789	盒装三年，散装一年
2	主板	华硕 B150M－A	1	599	三年
3	内存	金士顿 8GB DDR4 2133（KVR21N15/8）	1	399	三年
4	硬盘	西部数据 500GB，SATA3.0，7200rpm，16MB 缓存	1	289	三年
5	固态硬盘	无			三年
6	显卡	集成			三年
7	机箱	大水牛 A1008		120	三年
8	电源	大水牛神牛 400		150	三年
9	散热器				
10	显示器	明基 VW2245 21.5 英寸	1	700	一年
11	键鼠	雷柏 X120 键鼠套装	1	59	半年
12	音箱	无			
13	光驱	无			
14	声卡	集成			
15	网卡	集成			
	合计			￥3 105	

表 1-4　动漫制作/网吧用机配置单

项目	设备	型号参数	数量	单价（元）	保修期
1	CPU	Intel 酷睿 i5 7600	1	1749	盒装三年，散装一年
2	主板	华硕 PRIME B250M－K	1	639	三年
3	内存	威刚 XPG 威龙 8GB DDR4 2400	1	400	三年

续表

项目	设备	型号参数	数量	单价（元）	保修期
4	硬盘	希捷 Barracuda 2TB 7200 转 64MB SATA3（ST2000DM001）	1	450	三年
5	固态硬盘	金士顿 V300（120GB）	1	399	三年
6	显卡	蓝宝石 RX 460 4G D5 超白金 OC	1	899	三年
7	机箱	大水牛 SLK 豪华	1	280	三年
8	电源	大水牛卫士 550	1	200	三年
9	散热器	超频三东海 X6	1	129	
10	显示器	明基 VW2245 21.5 寸	1	700	一年
11	鼠标				
12	键盘				
13	键鼠	雷柏 X120 键鼠套装	1	59	半年
14	音箱	无			
15	光驱				
16	声卡	集成			
17	网卡	集成			
	合计			￥5 904	

表 1-5　笔记本电脑的配置单

机型：联想 ThinkPad E470c，报价 4999 元。

序号	设备	型号参数
1	CPU	酷睿™ i5 处理器 i5－6200U2.3GHz
2	三级缓存	3MB
3	操作系统	预装 Windows 10 家庭版
4	屏幕	14.0 英寸、1366×768、HD LED 背光显示屏
5	显示比例	16:9
6	触控屏	不支持
7	内存容量	DDR4 4GB
8	硬盘容量	SATA 500GB 7200rpm 机械硬盘
9	显卡	NVIDIA Geforce 920MX 2GB 独立显卡
10	USB 接口	1 个 2.0 口，2 个 3.0 口
11	视频接口	HDMI
12	音频接口	耳机、麦克风二合一接口
13	读卡器	四合一读卡器
14	RJ45（以太网口）	1 个
15	无线网卡	QCA AC
16	有线网卡	有
17	蓝牙	BT4.1

续表

序号	设　备	型号参数
18	多媒体	内置扬声器、麦克风、杜比先进音频
19	键盘描述	全尺寸键盘
20	指取设备	多点触摸板/Trackpoint 指点杆
21	电池	45Wh
22	质量	1.9kg
23	颜色	可选石墨黑等
24	保修政策	全国联保，享受三包服务
25	质保时间	1 年
26	质保备注	1 年免部件和人工费，客户送修
	报价	4999 元

实验 2　Windows 7 操作系统实验

2.1　实验目的

1. 掌握 Windows 7 操作系统的基本操作。
2. 掌握 Windows 7 操作系统的文件和文件夹操作。
3. 掌握 Windows 7 操作系统的控制面板的使用。
4. 掌握 Windows 7 操作系统的常用工具的使用。
5. 了解 Windows 7 操作系统的其他管理操作。

2.2　实验内容

2.2.1　Windows 7 常用设置及基本操作

任务一　桌面的个性化设置

1. 打开"个性化"窗口

右击桌面空白处,选择"个性化",或者打开控制面板,选择"个性化"图标,即可打开如图 2-1 所示的"个性化"窗口。

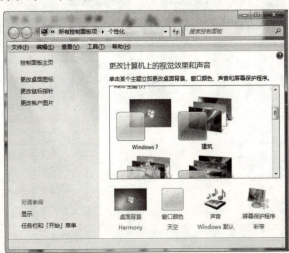

图 2-1　"个性化"窗口

2. 设置桌面背景

在"个性化"窗口中，单击"桌面背景"，打开"桌面背景"窗口，如图 2-2 所示。单击某个图片可以将其设置为桌面背景；选择左下角的"图片位置 P"下拉列表选项，可以设置背景图片在桌面的显示方式，有"填充"、"适应"、"拉伸"、"平铺"和"居中"5 种模式。设置完成后，单击"保存修改"按钮。

图 2-2 "桌面背景"窗口

3. 设置窗口的颜色和外观

在"个性化"窗口中，用户可以设置自己喜欢的窗口外观样式，使其看起来更加赏心悦目。单击"窗口颜色"图标，弹出"窗口颜色和外观"设置窗口，如图 2-3 所示。选择需要的色彩图标，设定窗口外观的颜色。设置完成后，单击"保存修改"按钮。

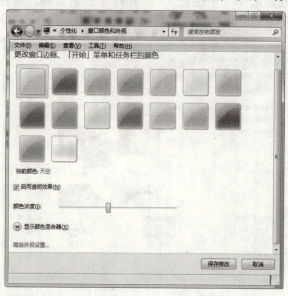

图 2-3 "窗口颜色和外观"设置窗口

在图 2-3 中，选择"高级外观设置"，打开"窗口颜色和外观"对话框，对窗口外观进行详细的设置，如图 2-4 所示。

图 2-4 "高级外观设置"对话框

4. 设置屏幕保护程序

在"个性化"窗口中，单击"屏幕保护程序"进行设置，如图 2-5 所示。设置屏幕保护程序为"彩带"，等待时间为 5 分钟，勾选"在恢复时显示登录屏幕"。设置完成后，单击"确定"按钮保存设置。

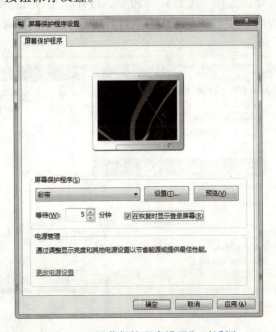

图 2-5 "屏幕保护程序设置"对话框

5. 设置屏幕分辨率

右击桌面空白处，选择"屏幕分辨率"，或者在"个性化"设置窗口中选择"显示"，在弹出的窗口中选择调整分辨率，如图 2-6 所示。例如设置分辨率为 1024×768，方向为"横向"，单击"确定"按钮完成设置。

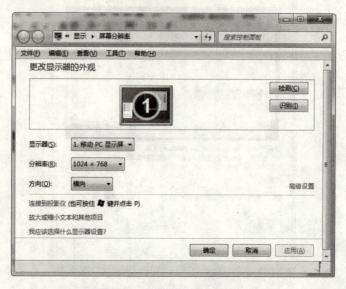

图 2-6 "调整分辨率"窗口

任务二　设置鼠标和键盘

Windows 7 操作系统中的鼠标指针默认为 ▷ 形状，系统自带了很多鼠标形状，用户可以根据自己的喜好更改鼠标指针外形。

1. 右击桌面空白处，选择"个性化"命令，打开"个性化"窗口。
2. 单击窗口左边的"更改鼠标指针"，打开"鼠标属性"对话框，选择"指针"选项卡，如图 2-7 所示。

图 2-7 "指针"选项卡

3. 在"方案"下拉列表框内选择"Windows Aero（特大）（系统方案）"，鼠标即变为特大鼠标样式。

4. 选择"指针选项"选项卡，如图 2-8 所示。可以设置指针的移动速度、可见性等。

图 2-8 "指针选项"选项卡

任务三　设置系统声音

系统声音是在系统操作过程中产生的声音，用户可以根据自己的喜好更改系统声音，要求设置退出 Windows 系统的声音为"电话拨出声.wav"。

实验步骤：

1. 右击桌面空白处，选择"个性化"命令，单击"声音"按钮，在"声音"对话框中选择"声音"选项卡，如图 2-9 所示。

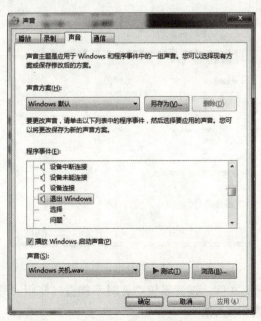

图 2-9 "声音"对话框

2. 在"程序事件"列表中选择"退出 Windows"选项，单击"浏览"按钮，弹出"浏览新的退出 Windows 声音"对话框，选择"电话拨出声.wav"，单击"打开"按钮，如图 2-10 所示。

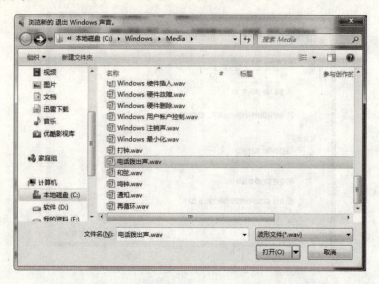

图 2-10 "浏览新的退出 Windows 声音"对话框

3. 返回到"声音"对话框，单击图 2-11 中的"测试"按钮 ▶测试(T) 可以测试"电话拨出声.wav"声音，单击"确定"按钮即可。

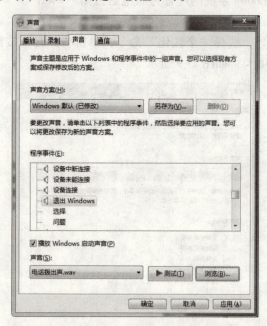

图 2-11 设置声音对话框

注：音乐文件是 wav 文件，设置系统声音时不能直接使用 mp3 文件。

任务四 添加和删除输入法

Windows 7 系统自带了几种输入法供用户使用，在现有的输入法列表中添加"微软拼音 ABC 输入法",然后再将该输入法从列表中删除。

1. 右击桌面右下方的语言栏,选择"设置"菜单项,如图 2-12 所示。
2. 选择"设置"菜单项后,弹出"文本服务和输入语言"对话框,单击"常规"→"添加"→"添加输入语言",勾选要添加的语言,如"微软拼音 ABC 输入风格",如图 2-13 所示。

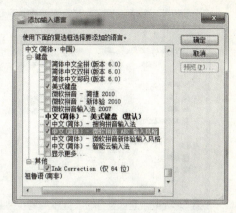

图 2-12　输入法"设置"菜单项　　　　图 2-13　"添加输入语言"对话框

3. 返回"文本服务和输入语言"对话框,此时在"已安装的服务"选项组里就可以看到刚添加的输入法,如图 2-14 所示。

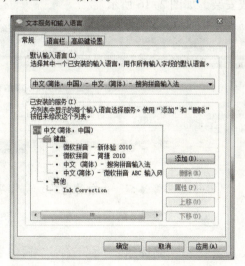

图 2-14　已添加微软拼音 ABC 输入法

4. 单击"确定"按钮,完成输入法的添加。
5. 选定"已安装的服务"选项组下的"中文(简体)- 微软拼音 ABC 输入风格"选项,单击"删除"按钮,即可删除该输入法。
6. 默认的输入法设置

进入"文本服务和输入语言"对话框,在"默认输入语言"中选择默认的输入法,单击"确定"按钮即可。

任务五　安装用户所需的字体

当 Windows 7 系统没有用户要使用的字体时，可以根据需要自行安装，前提是先准备好要安装的字体。

1. 打开准备添加字体的文件夹，选中要安装的两个字体文件，即"方正舒体"和"华文细黑"，如图 2-15 所示，右击选择"复制"。

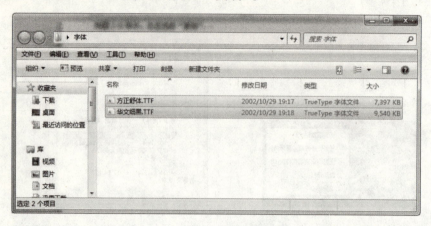

图 2-15　用户复制字体窗口

2. 单击"开始"→"控制面板"→"字体"，打开"字体"窗口，右击空白处，选择"粘贴"，即可完成安装，如图 2-16 所示。

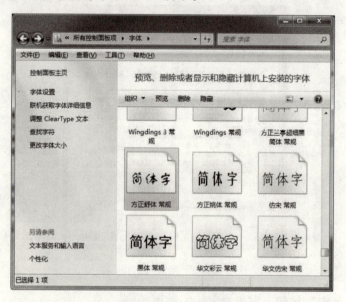

图 2-16　安装字体完成

任务六　创建新用户账户

创建一个用户名为"王芳"的标准账户。

1. 单击"开始"→"控制面板"→"用户账户"，打开"用户账户"窗口，如图 2-17 所示。

图 2-17 "用户账户"窗口

2. 单击"管理其他账户",打开"管理账户"窗口,如图 2-18 所示。

图 2-18 "管理账户"窗口

3. 单击"创建一个新账户"→"创建新账户",在"新账户名"文本框内输入新用户的名称"王芳"。选中"标准账户",单击"创建账户"按钮,即可成功创建用户名为"王芳"的标准账户,如图 2-19 所示。

图 2-19 建立"王芳"标准账户

2.2.2　Windows 7 的文件和文件夹操作

Windows 7 的文件和文件夹操作包括建立、复制、移动、删除、恢复、搜索以及其他操作。

任务一　文件的建立、复制、移动、删除和恢复

实验要求：

启动"计算机"或者"资源管理器"，在 E：盘根目录上完成以下各项操作，并按照要求保存相应的文件。

1. 创建名为"姓名+学号"的文件夹，如"王芳2016001"，在该文件夹下建立下列文件和文件夹结构，如图 2-20 所示。

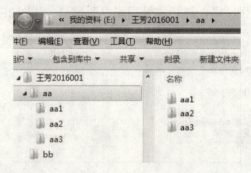

图 2-20　"2016001 王芳"文件夹下的结构示意

2. 在"bb"文件夹下新建 5 个文件，如图 2-21 所示。

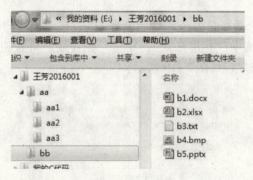

图 2-21　"bb"文件夹下的文件结构示意

3. 为文件夹"王芳2016001"在桌面上创建快捷方式，再次打开该文件夹时从桌面快捷方式进入该文件夹。

4. 将文件"b5.pptx"重命名为"幻灯片.pptx"，并将其复制到"aa1"文件夹下，设置为"隐藏"属性。

5. 将文件"b4.bmp"重命名为"画图.jpg"，并将其移动到"aa2"文件夹下，将其设置为"只读"属性。

6. 删除文件夹"aa2"，再到回收站中查看，并还原该文件夹。

实验步骤：

1. 单击"开始"→"所有程序"→"附件"→"Windows 资源管理器"，打开"资源管理器"窗口，在左窗口中找到并单击 E 盘。

2. 右击"资源管理器"右侧窗口空白处，弹出快捷菜单，如图 2-22 所示。

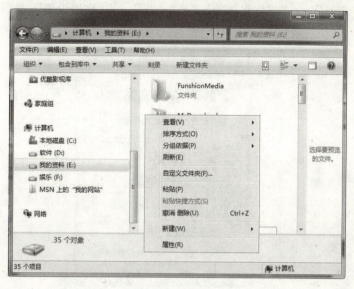

图 2-22 "资源管理器"窗口的快捷菜单

3. 在如图 2-22 所示的快捷菜单中，选择对应的命令，依次完成实验要求 1、2 的内容。

4. 将"aa3"文件夹重命名为"我的作业"，作为以后保存作业的文件夹。

5. 利用 Windows 7 自带的截图工具，将新建的文件夹和文件的树形目录分别截图，截图内容参考图 2-20 和图 2-21。要求将截图保存为.bmp 文件，命名为"aa 结构.bmp"和"bb 结构.bmp"，另存到"王芳 2016001\aa\我的作业"文件夹下。

6. 截图及保存的方法

（1）单击"开始"→"所有程序"→"附件"→"截图工具"，如图 2-23 所示。

图 2-23 Windows 7 截图工具

（2）打开"截图工具"工具条，拖动鼠标即可选中所截对象。选择"保存"→"另存为"→"*.bmp"，再选择保存位置，输入文件名，单击"保存"按钮即可。

7. 在对应的文件夹中，右击空白处或者右击所要操作的对象，打开对应的快捷菜单，依次完成实验要求3、4、5、6的内容。

任务二　设置文件夹选项、显示隐藏的文件和文件夹、显示文件扩展名

1. 打开准备显示的文件或者文件夹窗口。
2. 单击"工具"→"文件夹选项"→"查看"→"高级设置"，打开如图2-24所示的对话框。

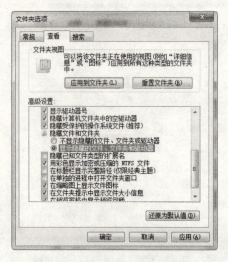

图2-24　"文件夹选项"对话框

3. 在"高级设置"列表中勾选"显示隐藏的文件、文件夹和驱动器"单选钮，取消"隐藏已知文件类型的扩展名"复选框中的对勾，即完成设置，如图2-24所示。

任务三　在E：盘上搜索扩展名为"．txt"的文件

使用"计算机"窗口的"搜索"文本框进行搜索。

1. 打开"计算机"窗口，双击打开E：盘。
2. 在窗口右上方的"搜索"文本框内输入"＊.txt"，如图2-25所示。

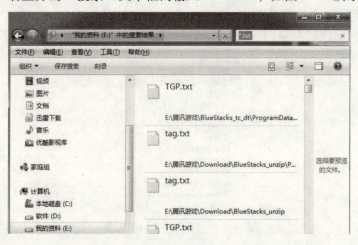

图2-25　E：盘"搜索"文本框

3. 找到之前创建的"b3.txt"，将其复制到"我的作业"文件夹下。

注：也可以使用"开始"菜单中的"搜索"文本框进行搜索。

任务四 加密文件或文件夹

1. 右击准备加密的文件或者文件夹，打开该文件夹的"属性"对话框，如图 2-26 所示。

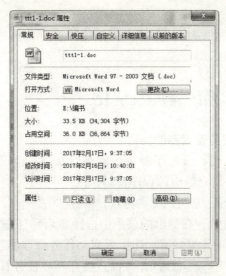

图 2-26 "属性"对话框

2. 单击"常规"→"高级"，弹出"高级属性"对话框，如图 2-27 所示。

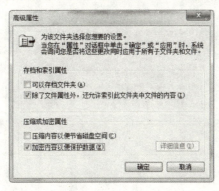

图 2-27 "高级属性"对话框

3. 勾选"加密内容以便保护数据"，单击"确定"按钮，弹出"属性"对话框，单击"应用"按钮，弹出"确认属性更改"对话框，如图 2-28 所示。

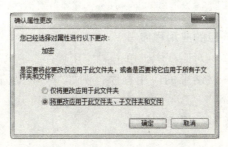

图 2-28 "确认属性更改"对话框

4. 在图 2-28 中，选择"将更改应用于此文件夹、子文件夹和文件"单选钮，单击"确定"按钮。

5. 返回上一级"属性"对话框，单击"确定"按钮，系统开始对所选的文件夹进行加密操作。加密完成后，文件夹显示为绿色，表示加密成功。

6. 首次加密文件或者文件夹后，任务栏通知区域会弹出"备份文件加密证书和秘钥"图标，单击该图标，弹出"加密文件系统"向导，按照提示进行操作，完成加密证书备份。

2.2.3　Windows 7 系统管理及优化

任务一　Windows 任务管理器的使用

利用"任务管理器"可以及时了解系统的运行状态，也可以对打开的程序进行操作，如可以强制关闭一些没有响应的程序窗口。

1. 打开"任务管理器"常用的三种方法

（1）右击任务栏空白处，在弹出的菜单中选择"启动任务管理器"。

（2）按下 Ctrl + Alt + Del 组合键，选择"启动任务管理器"。

（3）按下 Ctrl + Shift + Esc 组合键，可以直接打开"任务管理器"。

在如图 2-29 所示的对话框中，显示 6 个功能选项卡：应用程序、进程、服务、性能、联网和用户。选择不同的选项卡即可完成相应的操作。

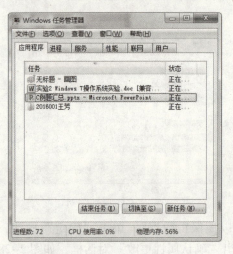

图 2-29　"Windows 任务管理器"对话框

2. 结束长时间没有响应的应用程序

（1）在"任务管理器"对话框中，单击"应用程序"选项卡。

（2）在列表框中选择要结束的应用程序，例如"C 例题汇总.pptx"，如图 2-29 所示。

（3）单击"结束任务"按钮。

3. 断开用户

（1）在"任务管理器"对话框中，单击"用户"选项卡。

(2) 在列表框中选择要断开的用户,如图 2-30 所示。
(3) 单击"断开"按钮 断开(D) 。

图 2-30　断开用户

任务二　磁盘的管理和优化

1. 查看磁盘容量

打开"资源管理器",右击要查看的磁盘,选择"属性"命令,打开如图 2-31 所示的"本地磁盘属性"对话框,查看磁盘空间使用情况等信息。

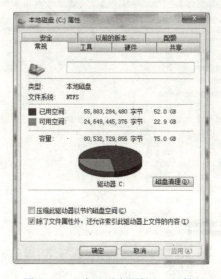

图 2-31　"本地磁盘属性"对话框

2. 清理磁盘

使用磁盘清理工具可以删除垃圾文件,释放磁盘空间,提高系统性能。

(1) 打开"计算机"窗口,右击要清理的磁盘,如 D:盘,打开"软件(D:)属性"对话框,如图 2-32 所示。

(2) 选择"常规"选项卡,单击"磁盘清理"按钮 磁盘清理(D) →"磁盘清理",选择要清理的文件，单击"确定"按钮。

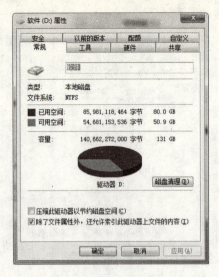

图 2-32 "软件(D:)属性"对话框

3. 磁盘碎片整理

（1）单击"开始"→"所有程序"→"附件"→"系统工具"→"磁盘碎片整理程序"，打开如图 2-33 所示的"磁盘碎片整理程序"窗口。

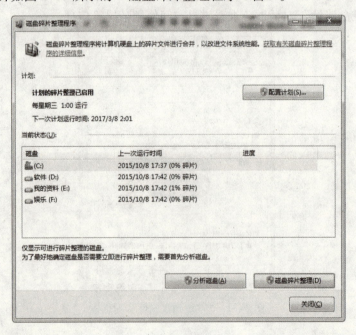

图 2-33 "磁盘碎片整理程序"窗口

（2）选中要进行碎片整理的磁盘驱动器，单击"分析磁盘"按钮，对选定的磁盘进行分析。

（3）分析磁盘后，若需要整理，单击"磁盘碎片整理"按钮。

4. 磁盘清理

（1）单击"开始"→"所有程序"→"附件"→"系统工具"→"磁盘清理"，打开如图 2-34 所示的"磁盘清理：驱动器选择"对话框。

图 2-34　磁盘清理

（2）选择要清理的驱动器，单击"确定"按钮，打开"磁盘清理"对话框，如图 2-35 所示。勾选要删除的文件，单击"确定"按钮。

图 2-35　选择磁盘清理文件

任务三　创建系统还原点

在频繁安装、卸载应用程序或设备驱动的过程中，系统很容易发生错误而不能正常运行，Windows 7 自带有系统还原的功能，可以很轻松地让发生故障的系统还原到之前的正常状态。

实验步骤：

1. 右击桌面上的"计算机"→"属性"→"系统"→左侧"系统保护"→"系统属性"→"系统保护"，弹出如图 2-36 所示的对话框。

2. 在"保护设置"中选择需要保护的驱动器，本例选择"本地磁盘(C:)（系统）"，单击"配置"按钮，如图 2-37 所示。

3. 打开"系统保护本地磁盘(C:)"对话框，在"还原设置"选项组下，选择"还原系统设置和以前版本的文件"；在"磁盘空间使用量"下，调整用于系统保护的最大磁盘空间，本例将"最大使用量(M)："调整为 4.50GB，如图 2-37 所示，单击"确定"按钮。

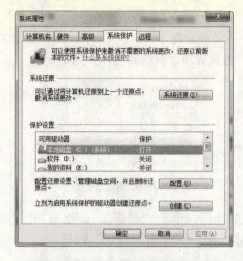

图 2-36 "系统属性"对话框

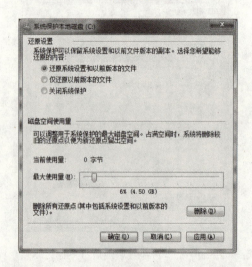

图 2-37 "系统保护本地磁盘（C:）"对话框

4. 返回上一级"系统属性"对话框，单击"创建"按钮。

5. 在打开的"系统保护"对话框的文本框中，输入识别还原点的描述信息。本例命名为"还原点1"，如图 2-38 所示，此时系统会自动添加当前日期和时间，单击"创建"按钮，描述信息即被成功保存。

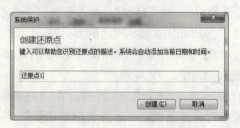

图 2-38 "系统保护"对话框

6. 弹出"已成功创建还原点"提示信息，单击"关闭"按钮，系统还原点被成功创建，如图 2-39 所示。

图 2-39　成功创建还原点

任务四　还原系统

当系统出现故障时，通过系统还原，可以将系统还原到系统正常时设置的还原点。
实验步骤：

1. 右击"计算机"→"属性"→"系统"→窗口左侧的"系统保护"→"系统属性"→"系统保护"→"系统还原"按钮，打开"系统还原"对话框，显示关于"还原系统文件和设置"的提示信息，如图 2-40 所示。

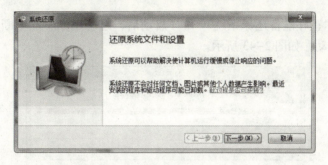

图 2-40　"还原系统文件和设置"的提示信息

2. 单击"下一步"按钮，在弹出的对话框的"当前时区："中，选择"还原点 1"，如图 2-41 所示。

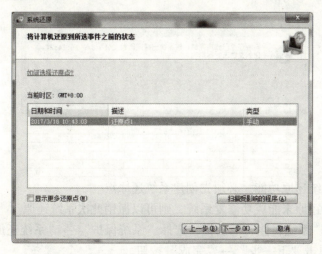

图 2-41　选择"还原点 1"

3. 单击"下一步"按钮，弹出"确认还原点"信息，确认无误后，单击"完成"

按钮，如图 2-42 所示。

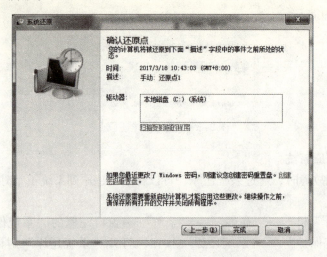

图 2-42 "确认还原点"信息

4. 在弹出"正在准备还原系统"和"启动后，系统还原不能中断"信息提示后，计算机会重新启动，如图 2-43 所示。

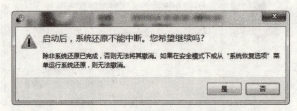

图 2-43 系统重启信息提示

5. 计算机重新启动后，弹出"系统还原"对话框，单击"关闭"按钮，即完成系统还原，如图 2-44 所示。

图 2-44 系统还原完成

注：
1. 要使用系统还原功能，必须先创建系统还原点。
2. 如果系统还原未能成功修复系统，则可以撤销此次系统还原。
方法：打开"系统属性"对话框，选择"系统保护"→"系统还原"→"撤销系统还原"，依次单击"下一步"→"完成"按钮。
3. 如果仍未修复问题，也可以选择其他还原点进行还原。

实验 3　Office Word 2010

3.1　实验目的

1. 通过制作求职简历，掌握 Word 基本操作及表格的使用，掌握图文混排及简单的域操作。
2. 通过文章的排版，掌握 Word 中分栏操作，制表位、脚注、尾注等操作。
3. 通过论文的排版，了解样式的使用，掌握自动生成目录和图表目录、插入页眉页脚、题注、交叉引用、批注等操作。
4. 通过批量发送邀请函，掌握 Word 中提供的"邮件合并"的操作。

3.2　实验内容

3.2.1　求职简历

任务　制作求职简历

制作一个三页的求职简历，如图 3-1 所示。

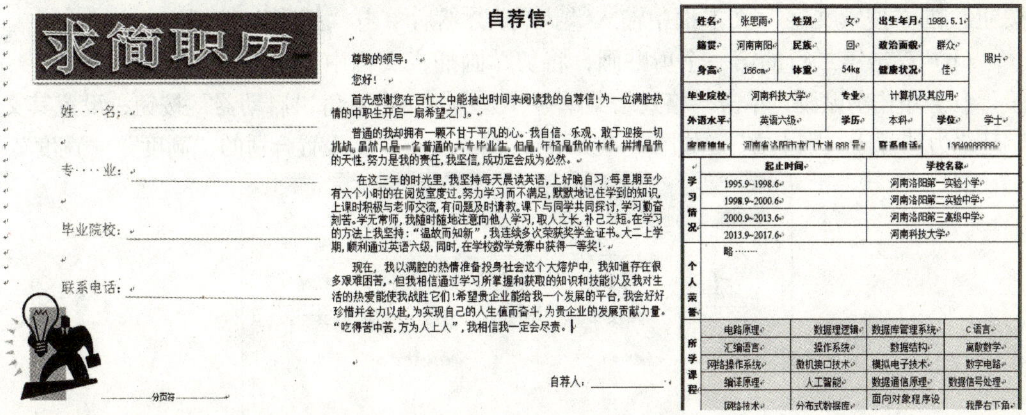

图 3-1　求职简历样例图

实验步骤：

1. 制作封面

（1）启动 Word 2010，创建一个新的空白文档，第一页上放置三个空段落标记，然后将光标置于第三个空段落标记处，插入一张空白页并将新文档命名为"求职简历.docx"，保存在适当的位置。

（2）插入艺术字和文本框：

（a）将光标置于第一页的第一个段落标记处，单击"插入"菜单→"文本"→"艺术字"，选择一种"艺术字样式"，输入"求职简历"，调整大小并拖放到适当位置即可。

（b）将光标置于下一个段落标记处，单击"插入"菜单→"文本"→"文本框"→"绘制文本框"。拖动鼠标，画出一个文本框。

（c）选定文本框，单击"格式"菜单→"形状和样式"→"形状填充"→"无填充颜色"、"形状轮廓"→"无轮廓"，如图3-2所示。

（d）参照样例输入："姓名："、"专业："、"毕业院校："、"联系电话："。

（e）设置字体格式为"宋体，三号，蓝色"。

（f）单击"插入"菜单→"插图"→"形状"按钮，选择"线条"，在文本框右侧画出4根水平线，并对位置做出适当调整。

（g）选定文本框，按住Shift键，再依次单击4根水平线，使之全部选中；然后单击右键，在快捷菜单中选择"组合"→"组合"，将图形拖放到适当位置并保存，如图3-3所示。

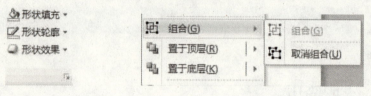

图3-2　填充与轮廓　　　　图3-3　线条的组合

（3）插入剪贴画：

（a）将光标置于第三个段落标记处，单击"插入"菜单→"插图"→"剪贴画"按钮，在"搜索文字"文本框中输入"人物"，然后单击"搜索"按钮。

（b）双击第二行的第一个剪贴画，将剪贴画插入文档中。

（c）单击剪贴画，单击"格式"菜单→"大小"→右下角"启动器"按钮，设置其文字环绕为"浮于文字上方"（如图3-4所示），在"大小"中设置合适的"高度"、"宽度"。

图3-4　"设置图片格式"对话框

(d)选定剪贴画,单击"格式"菜单→"调整",可进行调整亮度、对比度等操作,如图3-5所示,将剪贴画拖放到适当位置并保存。

图3-5 剪贴画

2. 录入自荐信并排版

(1)将光标置于"剪贴画"后,单击"页面布局"菜单→"页面设置"→"分隔符"→"分页符"按钮,出现下一页。

(2)定位光标到第2页,插入资源包中的"自荐信文本.txt"文件中的内容。

(3)选中标题"自荐信",设置文字格式为"黑体、二号、居中"。

(4)选定该页除标题之外的其他文字,设置文字格式为"宋体、小四、1.5倍行距"。

(5)选定从正文第2段至倒数第2段,设置段落格式为"首行缩进2字符"。

(6)将正文最后一段"自荐人:"设置为右对齐,并输入下画线(英文状态下,按住Shift + - 键)。

(7)光标置于"下画线"后,单击"页面布局"菜单→"页面设置"→"分隔符"→"分页符"按钮,产生第3页。

3. 创建表格一(如图3-6所示)

不规则表格一般是通过对规则表格的合并与拆分来实现的。如图3-6所示的表格可以看成一个6行7列表格。

姓名	张思雨	性别	女	出生年月	1989.5.1	
籍贯	河南南阳	民族	回	政治面貌	群众	照片
身高	166cm	体重	108	健康状况	佳	
毕业院校	河南科技大学	专业	计算机及其应用			
外语水平	英语六级	学历	本科	学位	学士	
家庭地址	河南省洛阳市龙门大道888号	联系电话	13649988888			

图3-6 表格一样例图

(1) 单击"插入"菜单→"表格"按钮，选取 6 行 7 列，如图 3-7 所示。

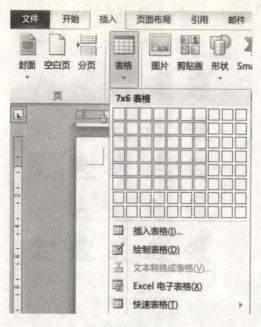

图 3-7 插入表格

(2) 选定第 4 行第 2、第 3 个单元格，单击"布局"菜单→"合并"→"合并单元格"按钮。如图 3-8 所示，采用同样的方法，合并除照片单元格以外的其他单元格。

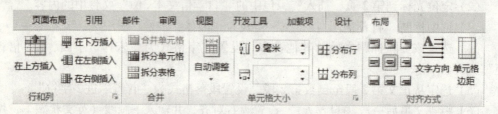

图 3-8 设置单元格格式

(3) 选定第 3 列的前 3 个单元格，将光标置于单元格区域的右侧边框线上，使光标变成调整宽度光标，按住鼠标左键，向左拖动适当距离，使之刚好容纳文字，参照样例对其他单元格采用同样的方法操作。

(4) 选定整个表格，单击"布局"菜单→"单元格大小"，行高设置为"0.9 厘米"，单击"对齐方式"→"水平居中"按钮。

(5) 设置标题文本为黑体、加粗，内容文本字体为楷体并保存。

4. 创建表格二（如图 3-9 所示）

第 2 张表格整体上看是一个 3 行 2 列的表格。

(1) 在第 1 张表格下方回车，产生一个新行。单击"插入"菜单→"表格"按钮，绘制 3 行 2 列的表格。

(2) 选择第 1 列，设置合适列宽，并单击"对齐方式"→"文字方向"→"水平居中"按钮，如图 3-10 所示。

	起止时间	学校名称
学习情况	1995.9~1998.6	河南洛阳第一实验小学
	1998.9~2000.6	河南洛阳第二实验中学
	2000.9~2013.6	河南洛阳第三高级中学
	2013.9~2017.6	河南科技大学
个人荣誉	略………	
所学课程	电路原理	数据理逻辑	数据库管理系统	C语言
	汇编语言	操作系统	数据结构	离散数学
	网络操作系统	微机接口技术	模拟电子技术	数字电路
	编译原理	人工智能	数据通信原理	数据信号处理
	网络技术	分布式数据库	面向对象程序设计	我是右下角

图 3-9　表格二样例图

（3）设定各行行高为合适大小。

（4）将光标置于第 1 行靠右的单元格。

单击"布局"菜单→"合并"→"拆分单元格"，弹出如图 3-11 所示的对话框。设置为 2 列、5 行，然后单击"确定"按钮。

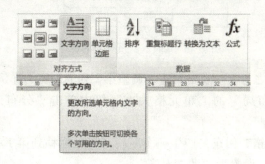
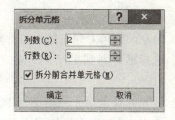

图 3-10　设定文字方向　　　　图 3-11　"拆分单元格"对话框

（5）输入表格中的文字，如图 3-9 所示，单击窗口左上角的"保存"按钮，保存文档。

5. 创建表格三（如图 3-12 所示）

第 3 张表格实际是一个 7 行 7 列的表格。

（1）在第 2 张表格下方回车，产生一个新行，单击"插入"菜单→"表格"→"插入表格"，如图 3-13 所示。

（2）选择列数为 7 列、行数为 7 行，然后选中"根据窗口调整表格"单选钮，单击"确定"按钮，如图 3-14 所示。

学习成绩	课程\学期	高等数学	大学英语	大学物理	大学化学	合计
	第一学期	87	76	78	65	306
	第二学期	67	89	98	77	331
	第三学期	68	87	89	84	328
	第四学期	68	96	82	82	328
	第五学期	93	83	85	93	354
	第六学期					1647

图 3-12 表格三样例图

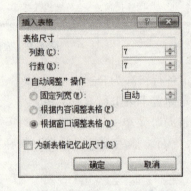

图 3-13 插入表格　　　　图 3-14 "插入表格"对话框

（3）向左调整第 1 列右侧框线，使之与上一表格对齐，调整第 2 列的列宽为样例所示宽度。选择第 3 列到第 7 列，在"布局"的"单元格大小"组中单击"分布列"按钮。

（4）将光标置于第 2 列第 1 行单元格，回车，产生一个新行。将光标移到第 1 行，设置为"右对齐"；将光标移到第 2 行，设置为"两端对齐"。

（5）将光标置于第 2 列第 1 行单元格，在"设计"的"表格样式"组中单击"边框"向下的按钮，然后从中选择"斜下框线"，如图 3-15 所示。

（6）选定从第 2 行到第 7 行的所有单元格，设置行高为 0.75 厘米。

（7）选定第 1 列的所有单元格，单击"合并单元格"→"文字方向"，按如图 3-12 所示输入内容，单击"保存"按钮，保存文档。

6. 合并与修饰表格

（1）将光标置于第 1 张表格和第 2 张表格之间，按 Delete 键，合并两张表格。

（2）设置表格右侧框线对齐，可以按住鼠标左键拖动第 1、2 张表格右侧框线，使之对齐。采用同样的方法合并第 3 张表格。

（3）选定整个表格，在"设计"的"绘图边框"组中设置"笔画粗细"为 1.5 磅。然后单击"边框"按钮，选择"外侧框线"，如图 3-16 所示。

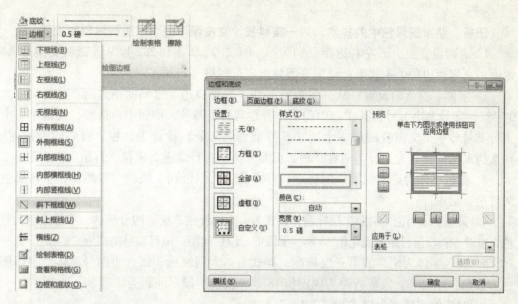

图 3-15　表格框线绘制　　　　图 3-16　设置笔画粗细和边框

（4）选定表格第 6 行，单击"边框"→"下框线"，用同样的方法设置其他边框，单击"保存"按钮，保存文档。

7. 表格中的公式

（1）将光标置于"合计"单元格下方的空白单元格，单击"布局"菜单→"数据"→"公式"按钮，弹出"公式"对话框，如图 3-17 所示。

图 3-17　"公式"对话框

（2）"公式"文本框中默认出现"＝SUM（LEFT）"，单击"确定"按钮，数据将自动计算。

（3）选中公式单元格的内容并复制，然后粘贴至其他学期的"合计"单元格。

（4）将光标置于"第二学期"的"合计"单元格中，使数字出现灰色底纹，然后按 F9 键，该单元格数字会自动重新计算左侧数据。采用同样的方法计算其他"合计"数据。

（5）保存该文档。

3.2.2 文章的排版

任务 参照资源包中的样本,对一篇科技论文按照下列要求进行编辑和设置

1. 页面设置:上下左右边距分别为:3.0、2.2、2.2和2.2厘米,纸张类型为A4幅面;页脚距边距1.4厘米,论文页面只指定行网格(每页42行)。
2. 字体、段落的设置:从"张东明"到"轮廓描述"之间的格式为:首行缩进为0字符,字号为小五号;其中中英文作者姓名为小四号;均居中;摘要、关键字、中图分类号等中英文内容的第一个词(冒号前面的部分)设置为加粗。自"轮廓描述"到文档末尾的样式为:分为对称2栏、五号宋体、首行缩进2字符、行距为0.9倍。
3. 红色字体为论文的第一层标题,样式为:大纲级别1级,三号黑体,字体颜色为红色,居中。
4. 黄色字体为论文的第二层标题,样式为:大纲级别2级,四号黑体,字体颜色为黄色,左对齐;段落行距为固定值30磅,无段前、段后间距;项目编号格式为"1 2 3"。
5. 蓝色字体为论文的第三层标题,样式为:大纲级别3级,小四号黑体,字体颜色为蓝色,左对齐;段落行距为固定值18磅,段前、段后间距为3磅。
6. 对应的多级列表格式为"2.1、2.2、…"。
7. 题注格式均为小五号黑体,居中,对其中的图与表分别设置相关的交叉引用关系;并删除红色的原题注。
8. 参考文献:采用项目编号,格式为[序号]。
9. 将DOC文档格式转换为PDF格式。

实验步骤:

1. 页面设置

单击"页面布局"菜单→"页面设置启动器",可分别在四张选项卡上按要求找到相应的设置对象,如图3-18"页面设置"对话框所示。

图3-18 "页面设置"对话框

2. 正文格式设置

（1）选定从"张东明"到"轮廓描述"之间的文本内容，单击"开始"菜单→"段落"→"段落启动器"，设置首行缩进，如图 3-19 所示。

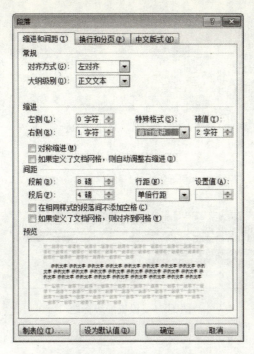

图 3-19 "段落"对话框

（2）选定从"张东明"到"轮廓描述"之间的内容，单击"开始"菜单→"字体"→"字号"列表框，按要求设置字号。

（3）选定"轮廓描述"到"文档末尾"之间的内容，单击"页面布局"菜单→"页面设置"→"分栏"→"两栏"，如图 3-20 所示，其他设置请参考前两步操作。

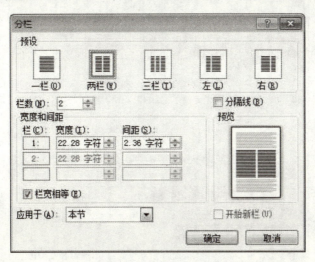

图 3-20 "分栏"对话框

3. 一级标题

单击"开始"菜单→"样式"→"样式启动器",右键单击"标题1"样式→"修改",在"修改样式"对话框中,如图3-21所示操作。

图 3-21 设置一级标题

4. 二级标题

单击"开始"菜单→"样式"→"样式启动器"→"新建样式"，弹出"根据格式设置创建新样式"对话框，如图 3-22 所示操作，其中"行距"和"间距"在对话框左下角单击"格式"→"段落"，按要求进行操作即可。注意：一定要设置"格式"→"段落"→大纲级别为"二级"。

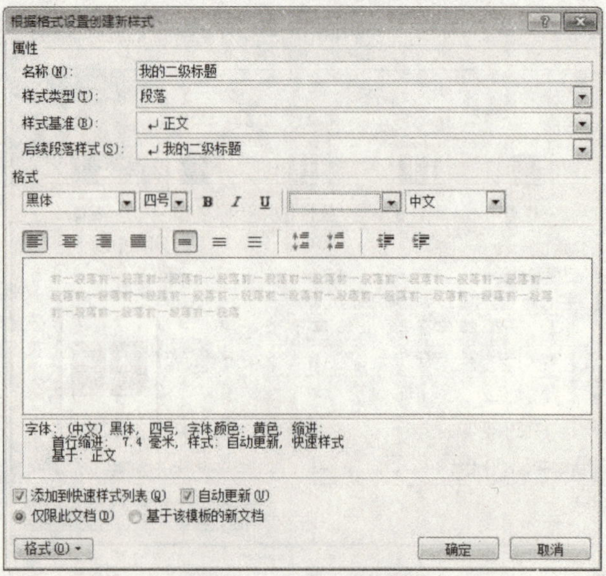

图 3-22 设置二级标题

5. 三级标题

请参照二级标题按要求进行设置。

6. 多级项目符号的设置

（1）将"我的二级标题"样式与多级列表建立链接。

（2）单击"开始"菜单→"段落"→"多级列表"→"定义新的多级列表"，在"定义新多级列表"对话框中，如图 3-23 所示操作。

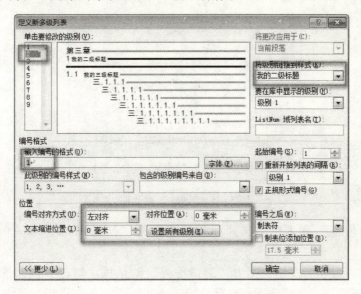

图 3-23　将二级标题与多级列表建立链接

（3）将"我的三级标题"样式与多级列表建立链接。

单击"开始"菜单→"段落"→"多级列表"→"定义新的多级列表…"，在"定义新多级列表"对话框中，如图 3-24 所示操作。

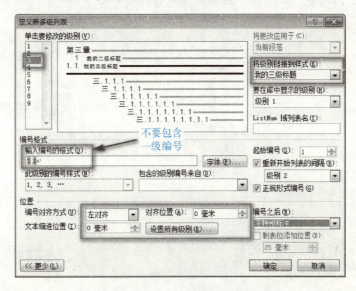

图 3-24　将三级标题与多级列表建立链接

(4) 最后分别在各级标题上使用已设置好的标题样式。

7. 插入题注及交叉引用

(1) 插入题注

(a) 右键单击文章中"表1"左上角的⊞标记。

(b) 选择"插入题注"→"新建标签",输入"表",单击"确定"按钮,弹出如图 3-25 所示的"题注"对话框。

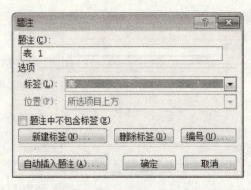

图 3-25 "题注"对话框

(c) 在"位置"列表框中选择标题的位置为"所选项目上方"(图片一般在下方)。

(d) 单击"编号"按钮,弹出"题注编号"对话框,勾选"包含章节号"复选框,单击"确定"按钮,如图 3-26 所示。

(2) 交叉引用

(a) 将光标定位到待插入交叉引用处。

(b) 单击"引用"菜单→"题注"→"交叉引用",选择"表"。

(c) 在"引用内容"列表框中选择为"只有标签和编号"。

(d) 单击"插入"按钮,如图 3-27 所示。

图 3-26 "题注编号"对话框

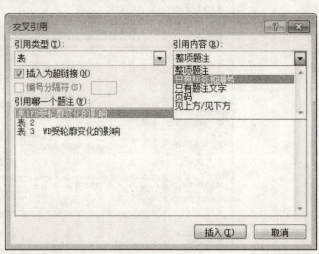

图 3-27 "交叉引用"对话框

(3) 设置题注格式

单击"开始"菜单→"样式"→"样式启动器"→"题注"样式,在"题注"样式上右击,选择"修改",打开"修改样式"对话框,如图 3-28 所示。

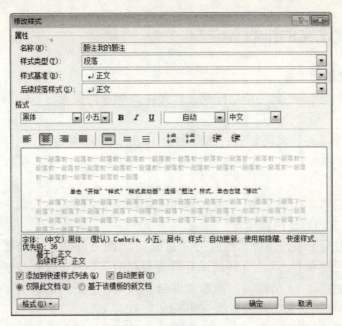

图 3-28 "修改样式"对话框

8. 设置参考文献的编号

选定所有参考文献,单击"开始"菜单→"段落"→"编号"右边的下拉按钮→"定义新编号格式",按如图 3-29 所示操作即可。

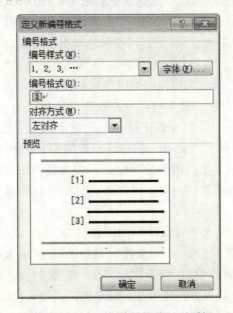

图 3-29 "定义新编号格式"对话框

9. 将 DOC 文档格式转换为 PDF 格式

单击"文件"菜单→"打印",选择打印机为"Adobe PDF",单击"打印"按钮,选择"保存"的目录,完成 PDF 文件制作。

3.2.3 毕业论文的排版

任务 长文档的排版

根据下列具体要求创建与应用样式,对文件"毕业论文素材.doc"中内容进行排版,排版结果如"毕业论文样本.pdf"所示。

1. 按下列要求进行页面设置:纸张大小 16 开,对称页边距,上边距 2.5 厘米、下边距 2 厘米,内侧边距 2.5 厘米、外侧边距 2 厘米,装订线 1 厘米,页脚距边界 1.0 厘米。

2. 添加新样式"一般文字",五号宋体,首行缩进 2 字符,段前和段后的间距为 0.5 行;并使正文内容使用该样式。

3. 对文档进行分节,使得"封面"、"目录"、"图表目录"、"摘要"、"1 引言"、"2 库存管理的原理和方法"、"3 传统库存管理存在的问题"、"4 供应链管理环境下的常用库存管理方法"、"5 结论"、"6 参考书目"和"7 专业词汇索引"各部分的内容都位于独立的节中,且每节都从新的一页开始。

4. 为论文创建封面,将论文题目、作者姓名和专业放置在文本框中,并居中对齐;文本框的环绕方式为"四周型",在页面中的对齐方式为两端对齐。在页面的右下侧插入图片"图片 1.jpg",环绕方式为"四周型",对整体效果可自行调整。

5. 打开"Word_样式标准.docx"文件,将其文档样式库中的"我的一级标题"、"我的二级标题"、"我的三级标题"复制到毕业论文素材.docx 文档样式库中。

6. 修改红色加粗内容样式为"我的一级标题"样式,将其自动编号的样式修改为"第 1 章","第 2 章","第 3 章",…;修改绿色加粗内容样式为"我的二级标题"样式;修改蓝色加粗内容样式为"我的三级标题"样式。

7. 对文档第 4 章中的黄色加粗内容使用自动编号,格式为"1),2),3),…"。

8. 在表格上方添加形如"表 1-1"、"表 2-1"的题注,在图片下方添加形如"图 1-1"、"图 2-1"的题注,其中连字符"-"前面的数字是章号,后面的数字是图表的序号。添加完毕,将样式"题注"的格式修改为小五号宋体、居中。

9. 在本文档中用黄色文字标出的适当位置,为表格和图片设置其题注号。保证第 2 张表格"表 2-2 库存成本表"的第 1 行在跨页时能够自动重复,并且表格上方的题注与表格总在一页上。

10. 在"目录"节中插入"目录"和"图表目录",要求包含标题第 1~3 级及对应页号,目录与书稿的页码分别独立编排,目录页码使用大写罗马数字(Ⅰ,Ⅱ,Ⅲ,…),书稿页码使用阿拉伯数字(1,2,3,…)除封面、目录和每章首页不显示页码外,其余页面要求奇数页页码显示在页脚左侧,偶数页页码显示在页脚右侧。

11. 本文的奇数页眉为"毕业论文",偶数页和每章首页页眉为相应章节名称。页眉从第 1 章开始。

12. 在文档第 1 章标题右边插入一个脚注"本文来自互联网",然后在第 2 章的 2.1"库存的概念"后面插入尾注"我是尾注,仅供参考",最后将新插入的脚注"本文来自互联网"转换为尾注。

13. 将第 2 章标题后的批注改为"本章已审,无误!";并在第 3 章标题右边插入一个批注:"第 3 章待审!",最后删除第 4 章的批注。

14. 将"最优订货批量"下面的"圆点"项目符号改为"菱形"项目符号。

15. 在专业词汇索引下方建立"词汇索引",为"结论"页上标黄的文字"库存成本"添加索引,删除"第三方物流"索引项并更新专业词汇索引。

16. 为文档添加编辑限制保护,不允许随意对该文档内容进行编辑修改,并设置保护密码为"333"。

实验步骤:

1. 页面设置

(1) 单击"页面布局"→"页面设置"→"对话框启动器"按钮,在打开的对话框中切换至"纸张"选项卡,将"纸张大小"设置为 16 开。

(2) 切换至"页边距"→"页码范围"→"多页"→"对称页边距",在"页边距"组中将"上"设置为 25 毫米、"下"设置为 20 毫米、"内侧"设置为 25 毫米、"外侧"设置为 20 毫米,"装订线"设置为 10 毫米,如图 3-30 所示。

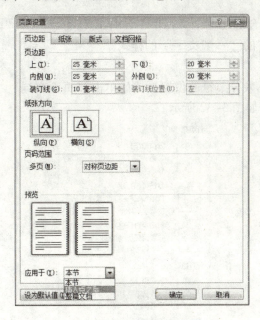

图 3-30 "页面设置"对话框

(3) 单击"版式"→"页眉和页脚",将"页脚"设置为 10 毫米,单击"确定"按钮。

2. 添加新样式

(1) 单击"开始"→"样式"→"样式启动器"→"新建样式",在"根据格式设置创建新样式"对话框中,如图 3-31 所示操作,其中"缩进"和"间距"在对话框左下角单击"格式"→"段落"按要求设置即可。

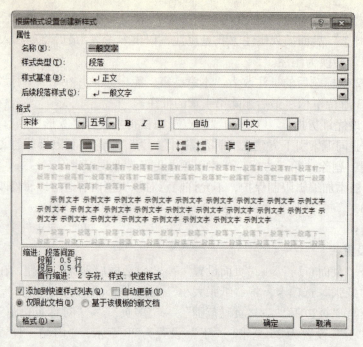

图 3-31 "根据格式设置创建新样式"对话框

（2）按 Ctrl + A 组合键选定全文，单击"样式启动器"→"一般文字"样式，则全文均使用了自己设置的"一般文字"的样式。

3. 插入分节符

先定位光标到待插入分节符的位置，然后单击"页面布局"→"分隔符"→"分节符"→"下一页"，如图 3-32 所示。

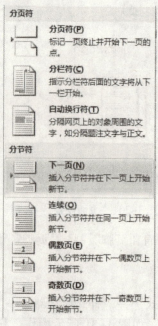

图 3-32 插入分节符

4. 创建封面

请参照求职简历自行掌握。

5. 样式的复制

（1）打开待导入样式的文档即"大论文素材.docx"，单击"开始"→"样式"→"样式启动器"→"管理样式" →左下角"导入/导出"，在"管理器"对话框的"样式"选项卡中单击"关闭文件"按钮，如图 3-33 所示。

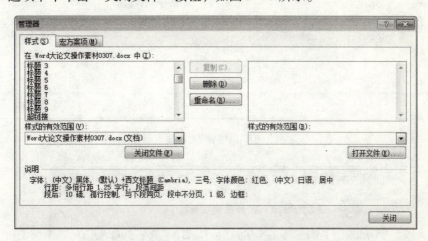

图 3-33　准备打开标准样式文件

（2）单击"打开文件"按钮，在"打开"对话框中单击"文件类型"下拉按钮，选择"所有文件（*.*）"。然后，找到并打开需要导出样式的 Word 文档，即"NEW_Word_样式标准.docx"，如图 3-34 所示。

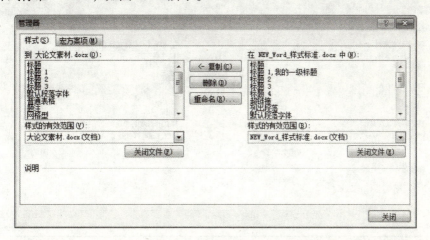

图 3-34　选定待导入标题

（3）在右侧的"在 NEW_Word_样式标准.docx 中"列表中选中需要复制的样式，并单击"复制"按钮，如图 3-35 所示。

因"我的一级标题"是在修改内置标题一的基础之上建立的，故复制过程中会弹出如图 3-36 所示的确认对话框，单击"是"按钮即可。

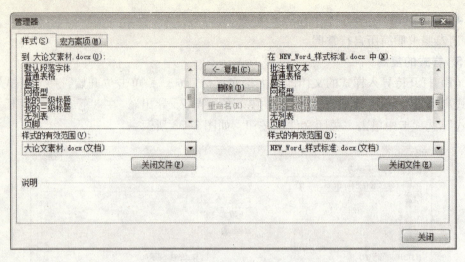

图 3-35 复制到大论文素材

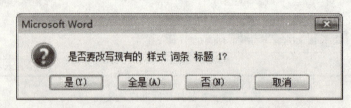

图 3-36 "一级标题"确认对话框

（4）样式复制完成后，效果如图 3-37 所示。

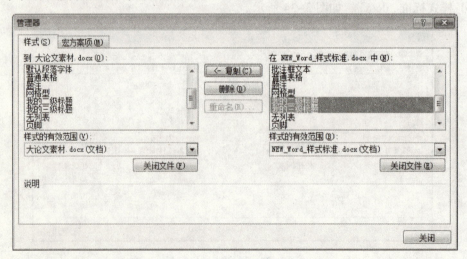

图 3-37 导入成功示意图

单击右侧的"关闭文件"→右下角"关闭"按钮，返回文档即出现如图 3-38 所示的"样式"任务窗格，在该窗格中即出现刚才导入的标题样式。

6. 标题样式的使用

（1）对各章标题分别使用前述已导入的标题样式。

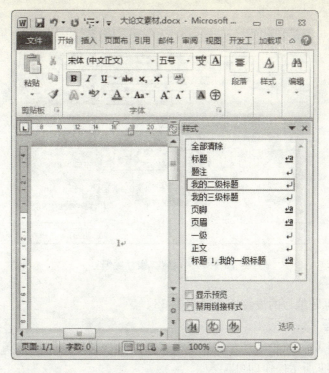

图 3-38 "样式"任务窗格

（2）一级标题编号的修改：定位光标，手工输入"第"和"章"，如图 3-39 所示。

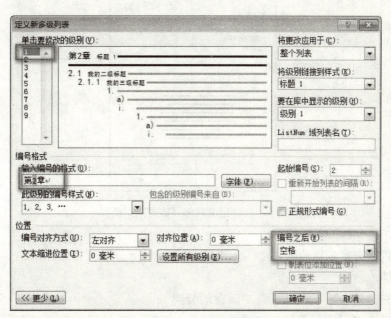

图 3-39 设置一级标题编号

（3）二级标题编号的修改：先定位光标，然后选择包含的级别，手工输入"．"，如图 3-40 所示。

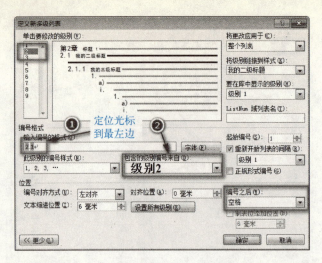

图 3-40 设置二级标题编号

(4) 三级标题编号的设置请参照图 3-38。

7. 设置编号

选定"第 4 章"黄色字体,然后单击"开始"→"段落"→"编号"的下拉按钮 ,如图 3-41 所示操作即可。

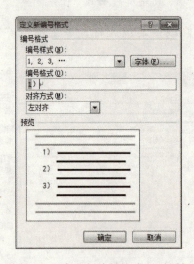

图 3-41 "定义新编号格式"对话框

8. 设置带有章名称的题注

(1) 插入题注

(a) 右键单击第 2 章的图 1:"库存的分类"。

(b) 单击"引用"菜单→"插入题注"→"新建标签",输入"图",单击"确定"按钮,返回"题注"对话框。

(c) 在"位置"列表框中选择标题的位置为"所选项目下方"(表一般在上方)。

(d) 单击"编号"按钮,弹出"题注编号"对话框,勾选"包含章节号",将

"章节起始样式"设置为"标题1","使用分隔符"设置为"-(连字符)",单击"确定"按钮,返回"题注"对话框,如图3-42所示。

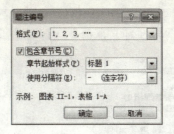

图3-42 "题注编号"对话框

(2)设置并使用题注样式

单击"开始"→"样式"右下角的启动器按钮→"题注",单击鼠标右键→"修改",在"修改样式"对话框的"格式"组下选择"仿宋"、"小五",如图3-43所示,单击"居中"按钮,勾选下方的"自动更新"复选框,单击"确定"按钮即可。

图3-43 设置"题注"样式

9. 交叉引用

(1)将光标定位到标黄的"如"字的后面,单击"引用"→"题注"→"交叉引用"按钮,在打开的"交叉引用"对话框中,选择"引用类型"→"图",选择"引用内容"→"只有标签和编号",在"引用哪一个题注"下选择"图2-1 库存的分类",单击"插入"按钮,如图3-44所示,请用相同的方法在文档标黄处插入其他引用。

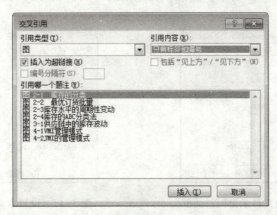

图3-44 "交叉引用"对话框

(2)选择表,单击"设计"→"表格样式"组为表格套用一个自己喜欢的样式,定位光标在表格中,单击"布局"→"表"→"属性"→"行"选项卡→"允许跨页断行"复选框,单击"上一页"或"下一页"按钮,选中标题行,勾选"在各页顶端以标题行形式重复出现"复选框,如图3-45所示。

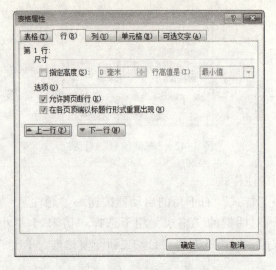

图3-45 "表格属性"对话框

10. 页脚的设置

(1) 定位光标在目录首页的页码处中,单击"插入"→"页眉和页脚"→"页码",选择"页面底端"的"普通数字3"。

(2) 单击"设计"→"页眉和页脚"→"页码"下拉按钮→"设置页码格式",选择"编号格式"为大写罗马数字(Ⅰ,Ⅱ,Ⅲ,…),单击"确定"按钮。如图3-46所示,图表目录使用同样方法设置。

(3) 定位光标到第1章第1页的页码位置,单击"设计"→"页眉和页脚"→"页码"下拉按钮→"设置页码格式"→"页码编号"→"起始页码"→"1"→"确定"按钮,如图3-47所示。注意,其他章的"页码编号"均是"续前节"。

图3-46 设置目录页码对话框

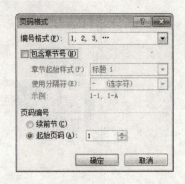

图3-47 设置章页码对话框

(4) 定位光标到各章第1页页码位置,单击"设计"→"选项",选择"首页不同"和"奇偶页不同"复选框,如图3-48所示,其他章也用同样的方法进行设置。

（5）定位光标到目录页的首行，单击"引用"→"目录"下拉按钮→"插入目录"，在"目录"对话框中进行如图 3-49 所示的操作。

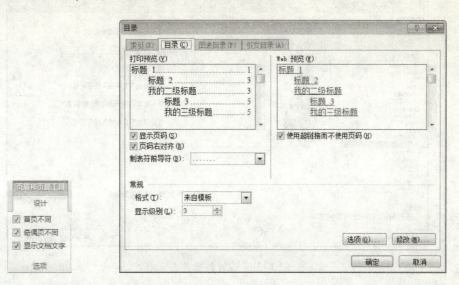

图 3-48　设置页脚　　　　　　　图 3-49　"目录"对话框

11. 页眉的设置

单击"插入"→"页眉"下拉按钮→"编辑页眉"，进入"页眉和页脚"视图，在"偶数页页眉"中单击"插入"菜单→"文本"→"文档部件"→"域"，在弹出的如图 3-50 所示的"域"对话框中，将"域名"选择为"StyleRef"，将"样式名"选择为"标题 1，我的一级标题"。在"奇数页页眉"中输入"毕业论文"即可。

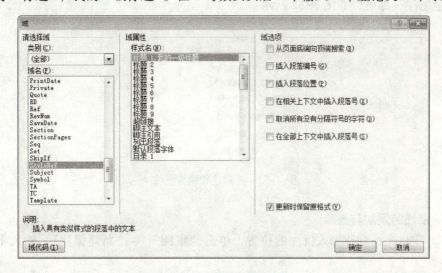

图 3-50　"域"对话框

在每章首页页眉中除单击"插入"菜单→"文本"→"文档部件"→"域"，在弹出的对话框中将域名选择为"StyleRef"，将"样式名"选择为"标题 1，我的一级

61

标题"外，还要在右侧"域选项"下勾选"插入段落编号"复选框，如图 3-51 所示。

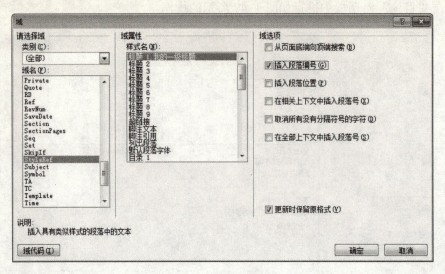

图 3-51　设置各章首页页眉

12. 脚注和尾注的操作

（1）定位光标在"引言"右边，单击"引用"→"插入脚注"，输入脚注内容即可。

（2）定位光标在"库存的概念"右边，单击"引用"→"插入尾注"，输入尾注内容即可。

（3）定位光标在"本文来自互联网"脚注中，单击右键，在弹出的菜单中选择"转换至尾注"即可，如图 3-52 所示。

图 3-52　将脚注转换为尾注

13. 批注的添加与删除

（1）定位光标到待加入批注的位置，单击"审阅"→"新建批注"，输入批注内容即可。

（2）选定待删除的"批注"，然后单击"批注"→"删除"按钮即可，如图 3-53 所示。

图 3-53 插入/删除批注

（3）隐藏批注，单击"审阅"→"修订"，将"显示标记"下拉按钮中的"批注"前的对勾去掉即可，如图 3-54 所示。

图 3-54 显示/隐藏批注

14. 项目符号的设置

（1）选定添加项目符号的文本，单击"开始"→"段落"→"项目符号"下拉按钮，选定"菱形"的项目符号即可。

（2）如果找不到"菱形"的项目符号，则单击"定义新项目符号"，在弹出的如图 3-55 所示的"定义新项目符号"对话框中单击"符号"按钮，在弹出的"符号"对话框中可选择菱形，然后单击"确定"按钮，如图 3-55 所示。

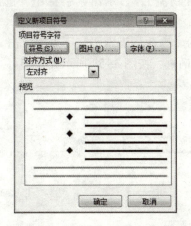

图 3-55 "定义新项目符号"对话框

15. 索引项的标记、删除及插入索引

（1）选定文中标黄的"库存成本"四字，然后单击"引用"→"索引"→"标记索引项"→"标记"，最后单击"关闭"按钮，如图 3-56 所示。这时，在原文中的

"库存成本"后面会出现"{XE "库存成本"}"的标志。

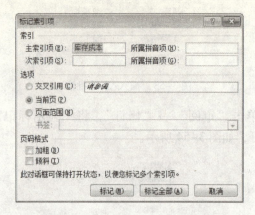

图 3-56 "标记索引项"对话框

（2）单击"文件"→"选项"→"显示"→"显示所有格式标记"复选框，可显示/隐藏索引标记，如图 3-57 所示。

图 3-57 显示/隐藏索引标记

（3）先查找到"第三方物流"，显示出索引标记，选定"{XE "第三方物流"}"直接删除即可。

（4）定位光标到标黄的"专业词汇索引"下方，单击"引用"→"索引"→"插入索引"，弹出"索引"对话框，按图 3-58 所示操作即可。

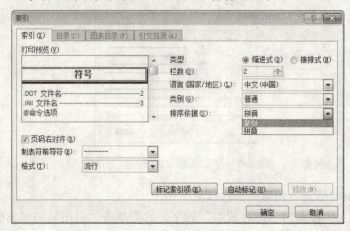

图 3-58 "索引"对话框

16. 限制编辑

（1）单击"审阅"→"保护"→"限制编辑"，在弹出的"限制格式和编辑"任务窗格中，勾选"2. 编辑限制"栏的"仅允许在文档中进行此类型的编辑"，如图3-59所示。

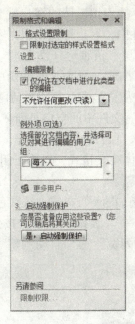

图3-59 "限制格式和编辑"任务窗格

（2）单击"是，启动强制保护"按钮，弹出"启动强制保护"对话框，在"新密码（可选）"框中设置密码，在"确认新密码"框中进行确认，然后单击"确定"按钮，启动强制保护，如图3-60所示。

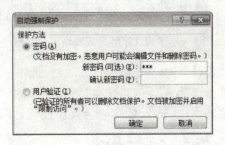

图3-60 "启动强制保护"对话框

3.2.4 邮件合并

任务 请按照如下要求，在"邮件合并.docx"文档中完成以下操作

1. 将文档中"会议议程"段落后的7行文字转换为3列、7行的表格，并根据窗口大小自动调整表格列宽。
2. 为制作完成的表格套用一种表格样式，使表格更加美观。

3. 为了可以在以后的邀请函制作中再利用会议议程内容，将文档中的表格内容保存至"表格"部件库，并将其命名为"会议议程"。

4. 将文档末尾处的日期调整为可以根据邀请函生成日期而自动更新的格式，日期格式显示为"＊＊＊＊年＊月＊日"。

5. 在"尊敬的"文字后面，插入拟邀请的客户姓名和称谓。拟邀请的客户姓名在资源包中的"通讯录.xlsx"文件中，客户称谓则根据客户性别自动显示为"先生"或"女士"，例如"范俊弟（先生）"、"黄雅玲（女士）"。

6. 每个客户的邀请函占 1 页内容，且每页邀请函中只能包含 1 位客户姓名，所有的邀请函页面另外保存在一个名为"Word－打印邀请函.docx"文件中。如果需要，可删除"Word－打印邀请函.docx"文件中的空白页面。

7. 本次会议邀请的嘉宾均来自台湾大学，因此，将"Word－打印邀请函.docx"文件中的所有文字内容设置为繁体中文格式，以便于阅读。

实验步骤：

1. 打开"Word－打印邀请函.docx"文件，从红色字体"时间"行开始，选定连续 7 行文字，然后单击"插入"→"表格"的下拉按钮→"文字转换成表格"，在如图 3-61 所示的对话框中，"固定列宽"为"自动调整"。

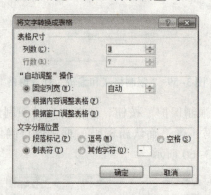

图 3-61 "将文字转换成表格"对话框

2. 选中表格，单击"设计"→"表格样式"，自行选择一种样式即可。

3. 选中表格，然后单击"插入"→"文本"→文档部件→"将所选内容保存到文档部件库"→"新建构建基块"，输入名称"会议议程"，并选择库为"表格"，单击"确定"按钮，如图 3-62 所示。

图 3-62 "新建构建基块"对话框

4. 单击"插入"→"文本"→"日期和时间"。

5. 邮件合并。

(1) 单击"邮件"→"开始邮件合并"→"信函"→选取收件人"→"使用现有列表",单击"浏览"按钮,选择数据源"通讯录.xlsx",如图 3-63 所示,单击"打开"→"确定"按钮。

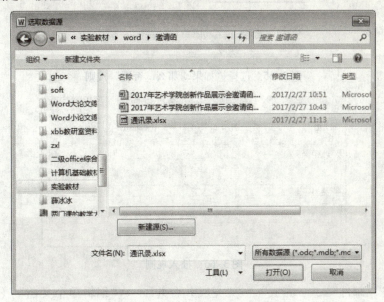

图 3-63 "选取数据源"对话框

(2) 选择邮件合并收件人,然后单击"确定"按钮。

(3) 撰写信函。

将光标定位到插入域的位置,单击"邮件"→"插入合并域"→"姓名",如图 3-64 所示,然后单击"插入"按钮。

图 3-64 "插入合并域"对话框

(4) 定位光标到"姓名"的右边,单击"邮件"→"插入合并域"→"规则"下拉按钮,选择"如果…那么…否则"规则,如图 3-65 所示。

(5) 按如图 3-66 所示进行设置后单击"确定"按钮,可单击"邮件"→"预览结果",以查看效果。

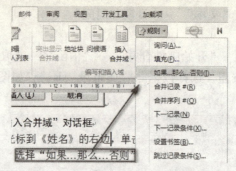

图 3-65　选择"如果…那么…否则"规则

图 3-66　插入规则

6. 单击"邮件"→"完成"→"完成并合并"→"编辑单个文档"（如图 3-67 所示），弹出"合并到新文档"对话框，单击"确定"按钮，如图 3-68 所示。

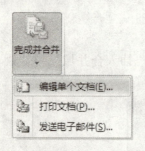

图 3-67　"编辑单个文档"

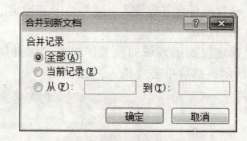

图 3-68　"合并到新文档"对话框

在随后弹出的新邮件的文档窗口中将文件另存为 Word-打印邀请函.docx 即可。

7. 繁体变简体。

选定全部内容，单击"审阅"→"中文简繁转换"→"繁转简"即可，如图 3-69 所示。

图 3-69　繁转简

实验 4　Office Excel 2010

4.1　实验目的

1. 掌握 Excel 2010 的基本操作与数据输入。
2. 掌握 Excel 2010 的工作表的数据编辑与格式设置。
3. 掌握 Excel 2010 的公式、函数的使用。
4. 掌握 Excel 2010 的图表操作。
5. 掌握 Excel 2010 的数据管理与分析。

4.2　实验内容

4.2.1　工作表的数据编辑和格式设置

任务　创建"学生信息统计表"

创建"学生信息统计表.xlsx",输入基本信息并进行格式设置,样例效果如图 4-1 所示。

学号	班级	姓名	性别	年龄	入学日期	入学时间	录取分数
2016001	材成161	刘明琪	男	18	2016年8月25日	9:30	600
2016002	材成162	王芳	女	18	2016年8月26日	10:30	589
2016003	材成163	张家俊	男	19	2016年8月27日	11:30	605
2016004	材成164	吴一凡	男	19	2016年8月28日	12:30	588
2016005	材成161	李子路	女	18	2016年8月29日	13:30	610
2016006	材成162	林心怡	女	18	2016年8月30日	14:30	620
2016007	材成163	王宇轩	男	17	2016年8月31日	15:30	599
2016008	材成164	苏文博	男	20	2016年9月1日	16:30	560
2016009	材成161	王雨溪	男	19	2016年9月2日	17:30	609
2016010	材成162	张小飞	女	19	2016年9月3日	18:30	576

图 4-1　样例效果

实验要求:
1. 输入标题并设置标题格式。
2. 使用填充柄输入 10 个学生的学号。
3. 使用自定义序列输入学生班级。
4. 使用有效性设置输入学生性别。

5. 利用条件格式显示所需信息。

6. 完善其他信息。

实验步骤：

1. 启动 Office Excel 2010，新建名为"学生信息统计表.xlsx"的工作簿，单击 A1 单元格，输入"学生信息统计表"，按 Enter 键确认。

2. 选中 A1:H1 单元格区域，单击"开始"→"对齐方式"→"合并后居中"，再将标题设置为黑体，18 号。

3. 在 A2:H2 单元格区域中依次输入"学号"、"班级"、"姓名"、"性别"、"年龄"、"入学日期"、"入学时间"、"录取分数"，并将其设置为"楷体"，16 号，加粗。

4. 单击 A3 单元格，输入第一个学生的学号"'2016001"，注意，学号是以文本方式输入的，在学号之前要加英文单引号。将光标指向 A3 单元格右下角的填充柄，当光标变为"+"时，向下拖动至 A12 单元格，释放鼠标，即可自动填充 10 名学生的学号。

5. 利用新建序列输入班级。

（1）单击"文件"→"选项"→"Excel 选项"→"高级"，在右侧界面中将滚动条下拉至"常规"组，如图 4-2 所示。

图 4-2 "Excel 选项"对话框

（2）单击"编辑自定义列表"→"自定义序列"，在"输入序列"文本框中依次输入四个班级名称。每输入一个班级名称，按回车键确认，建立班级新序列，单击"确定"按钮，完成后的效果如图 4-3 所示。

（3）在 B3 单元格中输入自定义序列中第一个班级名称"材成 161"，然后拖动 B3 右下角填充柄至 B12 单元格，注意观察班级序列填充后的效果。

6. 在表中依次输入姓名、年龄、入学日期、入学时间和录取分数，内容也可自定，恰当合理即可，输入内容可用填充柄实现。

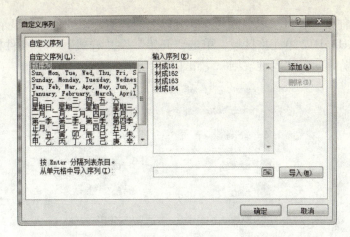

图 4-3 添加新序列

7. 使用有效性设置输入学生性别。

(1) 选中 D3:D12 单元格区域,单击"数据"→"数据工具"→"数据有效性"按钮 ,弹出"数据有效性"对话框。

(2) 单击"设置"→"允许"→"序列"选项,在"来源"中输入"男,女",如图 4-4 所示。

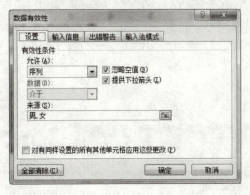

图 4-4 "数据有效性"对话框

(3) 单击"确定"按钮,在 D3:D12 单元格区域中为每位学生选择性别,如图 4-5 所示。

	A	B	C	D	E	F	G	H
1	学生信息统计表							
2	学号	班级	姓名	性别	年龄	入学日期	入学时间	录取分数
3	2016001	材成161	刘明琪	男	18	2016/8/25	9:30	600
4	2016002	材成162	王芳	女	18	2016/8/26	10:30	589
5	2016003	材成163	张家俊	男	19	2016/8/27	11:30	605
6	2016004	材成164	吴一凡	男	19	2016/8/28	12:30	588
7	2016005	材成161	李子路	女	18	2016/8/29	13:30	610
8	2016006	材成162	林心怡	女	18	2016/8/30	14:30	620
9	2016007	材成163	王宇轩	男	17	2016/8/31	15:30	599
10	2016008	材成164	苏文博	男	20	2016/9/1	16:30	560
11	2016009	材成161	王雨溪	男	19	2016/9/2	17:30	609
12	2016010	材成162	张小飞	女	19	2016/9/3	18:30	576
13								

图 4-5 选择学生性别

8. 设置条件格式：将录取分数为 600 分以上的数值，以红色加粗显示。

(1) 选中 H3:H12 单元格区域，单击"开始"→"样式"→"条件格式"→"突出显示单元格规则"→"其他规则"，如图 4-6 所示。

图 4-6　选择条件格式

(2) 在打开的"新建格式规则"对话框中，设置录取分数大于或等于 600 分的数值，红色，加粗显示，如图 4-7 所示，单击"确定"按钮。

9. 设置学生入学日期格式。

选定 F3:F12 单元格区域，单击"开始"→"数字"→"长日期"，如图 4-8 所示，设置日期格式。

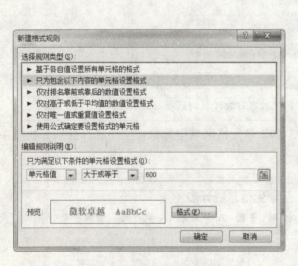

图 4-7　新建格式规则

图 4-8　设置日期格式

10. 设置表格的边框和标题底纹。

选定表格内容 A2:H12 单元格区域，单击"开始"→"字体"→右下角的"对话框驱动器"按钮→"设置单元格格式"→"边框"。

11. 在"边框"选项卡中选择合适的线条样式，单击"外边框"按钮可设置外边框，单击"内部"按钮可设置内边框，如图 4-9 所示。单击"确定"按钮，即可为表格添加不同的内、外边框。

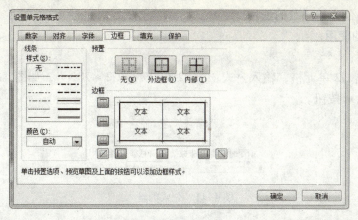

图 4-9　设置表格边框

12. 选中表格的标题信息 A2：H2 单元格区域，单击"字体"→"填充颜色"按钮右侧 的下拉按钮，从弹出的下拉菜单中选择一种合适的底纹颜色，即可设置标题信息的填充颜色。

13. 选中 A2：H12 单元格区域，单击"开始"→"对齐方式"→"居中"按钮 ，将表格内容居中显示。

14. 保存工作簿。

4.2.2　公式、函数和图表的使用

打开资源包中的"学生成绩原始数据表.xlsx"，完成任务一和任务二所要求的操作，进行数据计算和图表化操作，样例效果如图 4-10 所示。

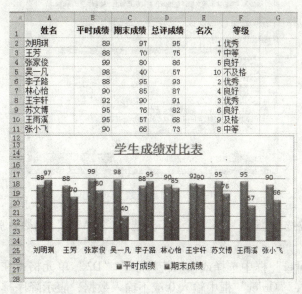

图 4-10　"学生成绩表"样例效果

其中，总评成绩＝平时成绩×30％＋期末成绩×70％，"名次"是用 RANK 函数按"总评成绩"列数据的降序进行排名。

任务一　公式和函数的使用

1. 公式的使用

实验步骤：

（1）单击 D2 单元格，输入公式"＝B2＊30％＋C2＊70％"，如图 4-11 所示，单击编辑栏中的✔按钮。

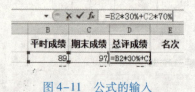

图 4-11　公式的输入

（2）选定 D2 单元格，鼠标指向单元格右下角的填充柄，鼠标指针变为实心十字，向下拖放到 D11 单元格，即可计算出所有的总评成绩。

（3）选定 D2：D11 单元格区域，单击"开始"→"数字"→"数值"，将总评成绩小数位数设置为 0。

注意：观察 D2～D11 单元格中公式的变化。D2 单元格公式中的 B2、C2 在 D3 单元格公式中分别变为 B3、C3，…，D11 单元格公式中的分别变为 B11、C11。

2. RANK 函数的使用

实验步骤：

（1）选定 E2 单元格，单击编辑栏中的 fx 按钮，或在"编辑"组中单击 Σ 自动求和▾按钮，从中选择"其他函数"，弹出"插入函数"对话框，如图 4-12 所示。

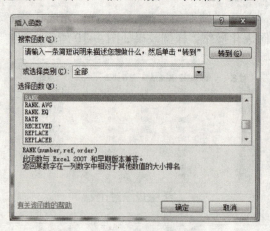

图 4-12　"插入函数"对话框

（2）单击"或选择类别"→"全部"，选择"RANK"函数，弹出"函数参数"对话框。

（3）在"Number"框中选择或输入待排序的"D2"单元格；在"Ref"框中选定区域为 D2：D11；在"Order"框中输入 0 或不输入数据，表示降序排列，单击"确定"按钮，完成公式的输入，如图 4-13 所示。

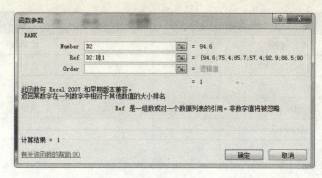

图 4-13　设置 RANK 函数参数

（4）输入绝对地址：单击 E2 单元格，在编辑栏中将光标定位到待插入“ $ ”处，按 F4 键，将公式变为绝对地址“ $ D $ 2：$ D $ 11”，单击✓按钮，公式修改完成。

（5）拖动 E2 单元格右下角的填充柄至 E11 单元格，公式复制完成，所有名次均已排好，如图 4-14 所示。

E2　=RANK(D2,$D$2:$D$11)

	A	B	C	D	E
1	姓名	平时成绩	期末成绩	总评成绩	名次
2	刘明琪	89	97	95	1
3	王芳	88	70	75	8
4	张家俊	99	80	86	6
5	吴一凡	98	40	57	10
6	李子路	88	95	93	2
7	林心怡	90	85	87	5
8	王宇轩	92	90	91	3
9	苏文博	95	76	82	7
10	王雨溪	95	88	90	4
11	张小飞	90	66	73	9

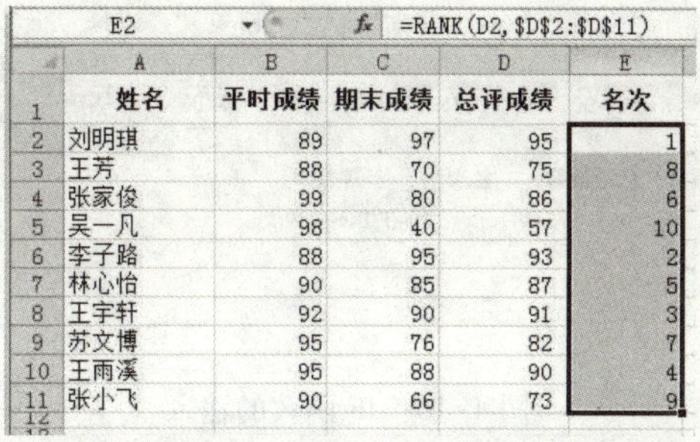

图 4-14　利用 RANK 函数计算名次

注：在公式中有如下 3 种引用单元格或者单元格区域的方法。

（1）相对引用：引用的是相对于当前行或列的实际偏移量。当把公式复制到其他单元格时，行或列引用会改变。

（2）绝对引用：引用的是单元格的实际地址。复制公式时，行和列引用不会改变。

（3）混合引用：行或列中有一个是相对引用，另一个是绝对引用。

绝对引用是在地址中使用两个“ $ ”：一个在列字母前面，另一个在行号前面，如“ $ D $ 2”。Excel 也允许混合引用，即只有一个地址部分是绝对的，如“ $ A 4”或“A $ 4”。Excel 默认在公式中创建的是相对单元格引用，除非公式包含在不同工作簿或工作表中的单元格。

通过多次按 F4 键，可实现行列绝对引用、行绝对列相对引用、行相对列绝对引用和行列相对引用的切换。也可直接在行号和列号前直接加“ $ ”。

思考：在此步骤中，在“Ref”框中输入的单元格区域引用地址为什么采用绝对地址，而不采用相对地址？

3. IF 函数的使用

根据“总评成绩”求出所对应的等级，例如，D2 单元格和 F2 单元格的对应关系如下所示：

D2 单元格中的值	F2 单元格的内容
D2 >= 90	优秀
90 > D2 >= 80	良好
80 > D2 >= 70	中等
70 > D2 >= 60	及格
D2 < 60	不及格

IF 函数的实现如下：

=IF(D2>=90,"优秀",IF(D2>=80,"良好",IF(D2>=70,"中等",IF(D2>=60,"及格","不及格"))))

（1）单击 F2 单元格，输入公式"=IF(D2>=90,"优秀",IF(D2>=80,"良好",IF(D2>=70,"中等",IF(D2>=60,"及格","不及格"))))"，如图 4-15 所示，再单击编辑栏中的✔按钮。

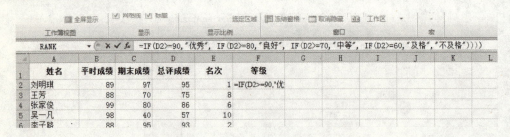

图 4-15 IF 函数的输入

（2）选定 F2 单元格，鼠标指向单元格右下角的填充柄，鼠标指针变为实心十字，向下拖放到 F11 单元格，所有公式复制完成，等级计算结束。

任务二　图表的建立

1. 建立图表

实验步骤：

（1）选中 A1:C11 单元格区域，单击"插入"→"图表"→"柱形图"，选择"簇状柱形图"，或单击"图表"组中的 按钮→"插入图表"，选择"簇状柱形图"，如图 4-16 所示。

（2）单击图表空白区，按住鼠标左键，将其拖放到 A12 单元格为左上角的区域。

（3）鼠标指针指向图表右下角，变为 形状时，按住左键拖动，可以放大、缩小图表，将其定位于 A12:G28 单元格区域中。

注：也可以选择"图表工具"，选择"设计"选项卡→"位置"组→"移动图表"，将图表定位于新的工作表中。

（4）单击图表空白区，选择"图表工具"，选择"设计"选项卡，在"图表布局"组中单击 按钮，从中选择"布局 1"，然后在"图表标题"框中输入"学生成绩对比表"。

（5）单击图表空白区，选择"图表工具"，选择"设计"选项卡，在"图表样式"组中单击 按钮，从中选择"样式 26"，如图 4-17 所示。

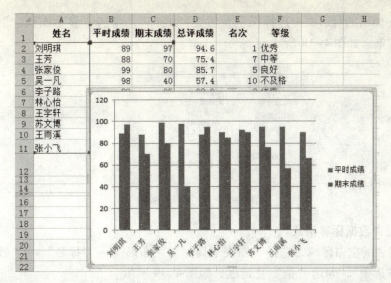

图 4-16 插入"簇状柱形图"

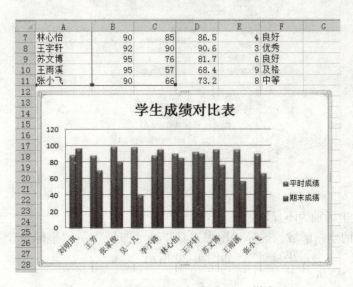

图 4-17 设置图表为"布局 1"和"样式 26"

2. 编辑图表

实验步骤：

（1）设置文字格式。

（a）对图表中各对象的文字格式都可以设置。右键单击图表标题"学生成绩对比表"，在弹出的快捷菜单中选择"字体"，将图表标题设置为 20 号深红色、黑色单下画线。

（b）右键单击图例，在弹出的快捷菜单中选择"字体"，将图例文字设置为 12 磅。

（2）设置图例格式。

（a）单击图表空白区，选择"图表工具"→"布局"→"标签"→"图例"，从中选择"其他图例选项"。

(b) 在弹出的对话框中选择图例位置为"底部",勾选"显示图例,但不与图表重叠"复选框,如图 4-18 所示。

图 4-18 设置图例格式

(3) 设置数据标签格式。

单击图表的空白区域,选择"图表工具"→"布局"→"标签"→"数据标签",选择"标签选项",勾选"值"复选框,如图 4-19 所示。

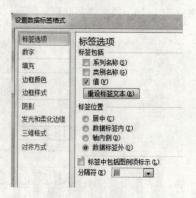

图 4-19 设置数据标签格式

(4) 设置坐标轴为不显示。

单击图表的空白区域,选择"图表工具"→"布局"→"坐标轴"→"主要纵坐标轴"→"无 不显示坐标轴",如图 4-20 所示。

图 4-20 选择"无 不显示坐标轴"

(5) 保存该文件,最终设置效果参考图 4-10。

4.2.3 数据管理和分析

打开资源包中的"学生成绩综合评定原始数据表.xlsx",右击"sheet2"将其重命名为"排序",将"sheet3"重命名为"分类汇总",再依次创建新工作表"嵌套分类汇总"、"自动筛选"、"高级筛选",如图 4-21 所示。

图 4-21　新建所需工作表

将"原始数据"表中的数据依次复制到这 5 工作张表中,在对应的工作表中完成以下要求的对应操作后保存。

任务一　数据排序

1. 常规排序(按班级排序)

(1)在"学生成绩综合评定原始数据表.xlsx"中打开"排序"表,单击待排序的"班级"列的任意一个单元格,如 B3 单元格。

(2)在"数据"选项卡的"排序和筛选"组中单击 ↓、↑ 按钮,可进行升序或降序排列。单击"升序"按钮 ↓,工作表中的数据已按"班级"升序排列,如图 4-22 所示。

	A	B	C	D	E	F	G	H	I
1	学号	班级	姓名	性别	总分	写作	英语	逻辑	计算机
2	060101	材成161	马红丽	女	624	89	89	92	95
3	060102	材成161	刘绪	女	588	79	81	95	80
4	060110	材成162	许宏伟	女	520	90	33	89	86
5	060124	材成162	张红卫	男	543	78	74	83	75
6	060125	材成162	柴纪武	男	526	76	78	70	81
7	060103	材成163	付艳丽	女	628	86	93	94	91
8	060107	材成163	刘宝英	女	608	82	90	87	84
9	060108	材成163	郑会锋	女	600	85	77	96	89
10	060109	材成163	申永琴	女	599	72	96	88	91
11	060111	材成163	张琪	女	609	82	90	89	90
12	060112	材成163	李彦宾	男	491	78	70	47	72
13	060113	材成163	洪峰	男	586	80	86	88	84
14	060116	材成163	刘俊	男	538	84	79	72	88
15	060104	材成164	张建立	男	584	82	88	89	77
16	060105	材成164	魏翠香	女	629	83	97	94	93
17	060106	材成164	赵晓娜	女	581	75	84	84	85
18	060114	材成164	卞永辉	男	506	56	70	89	70
19	060115	材成164	韩朝辉	男	569	72	83	87	85
20	060117	材成164	邢鹏	男	597	78	84	86	96
21	060118	材成164	孙治国	男	555	71	70	84	85
22	060119	材成164	丁一夫	男	531	75	82	67	87
23	060120	材成164	王军政	男	554	68	85	87	88
24	060121	材成164	王伟星	男	528	77	65	71	70

图 4-22　常规排序示意

2. 自定义排序(按班级为主要关键字、学号为次要关键字排序)

(1)单击待排序数据区域中的"班级"列的任意一个单元格,如 C6 单元格。

(2)在"数据"选项卡的"排序和筛选"组中单击"排序"按钮,打开"排序"对话框。

(3)在该对话框中,主要关键字已设置为"班级",升序;单击"添加条件"按钮 添加条件(A),在新增的"次要关键字"栏中选择"学号",在"次序"栏中选择"降序",如图 4-23 所示。

(4)单击"确定"按钮,自定义排序完成。

(5) 保存该文件。

图 4-23 "排序"对话框

任务二 分类汇总

要分类汇总数据，必须先将分类的字段进行排序。

1. 简单分类汇总

要求按照班级分类，并对总分求最大值。

(1) 在"学生成绩综合评定原始数据表.xlsx"中打开"分类汇总"表，将其按"班级"升序排列。

(2) 单击"数据"选项卡→"分级显示"组→"分类汇总"，打开"分类汇总"对话框。

(3) 在该对话框中，设置"分类字段"为"班级"，设置"汇总方式"为"最大值"，设置"选定汇总项"为"总分"，如图4-24所示。

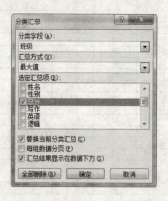

图 4-24 "分类汇总"对话框

(4) 单击"确定"按钮，工作表已分类汇总出各班级同学总分的最大值，如图 4-25 所示。

(5) 单击工作表左上方的分级显示符号 1 2 3 中的数字，可分级显示数据，单击 + 和 - 符号，可以显示或隐藏明细数据行。

(6) 保存该文件。

2. 嵌套分类汇总

(1) 在"学生成绩综合评定原始数据表.xlsx"中打开"嵌套分类汇总"表，将"分类汇总"表中的数据复制到"嵌套分类汇总"表中。

	A	B	C	D	E	F	G	H	I	J	K	L
1	学号	班级	姓名	性别	总分	写作	英语	逻辑	计算机	体育	法律	哲学
2	060101	材成161	马红丽	女	624	89	89	92	95	72	93	94
3	060102	材成161	刘绪	女	588	79	81	95	80	73	88	92
4		材成161 最大值			624							
5	060110	材成162	许宏伟	女	520	90	33	89	86	82	70	70
6	060124	材成162	张红卫	男	543	78	74	83	75	85	74	74
7	060125	材成162	柴纪武	男	526	76	78	70	81	69	78	74
8		材成162 最大值			543							
9	060103	材成163	付艳丽	女	628	86	93	94	91	73	97	94
10	060107	材成163	刘宝英	女	608	82	90	87	84	81	96	88
11	060108	材成163	郑会锋	女	600	85	77	96	89	74	90	89
12	060109	材成163	申永琴	女	599	72	96	88	91	75	88	89
13	060111	材成163	张琪	女	609	82	90	89	90	80	90	89
14	060112	材成163	李彦宾	男	491	78	70	47	72	65	70	89
15	060113	材成163	洪峰	男	586	80	86	88	84	78	83	87
16	060116	材成163	刘俊	男	538	84	79	72	88	77	55	83
17		材成163 最大值			628							
18	060105	材成164	魏翠香	女	629	83	97	94	93	80	90	92
19	060106	材成164	赵晓娜	女	581	75	84	84	85	80	77	96
20	060104	材成164	张建立	男	584	82	88	89	77	80	84	84
21	060114	材成164	卞永辉	男	506	56	70	89	70	70	79	72
22	060115	材成164	韩朝辉	男	569	72	83	87	85	70	86	86
23	060117	材成164	邢鹏	男	597	78	84	86	96	90	84	79
24	060118	材成164	孙治国	男	555	71	70	84	85	77	78	90
25	060119	材成164	丁一夫	男	531	75	82	67	87	79	71	70

图 4-25　分类汇总

（2）在"嵌套分类汇总"表中，再次打开"分类汇总"对话框，从中选择"分类字段"为"性别"，"汇总方式"设为"计数"，"汇总项"设为"性别"。最后，取消选定"替换当前分类汇总"复选框，如图 4-26 所示。

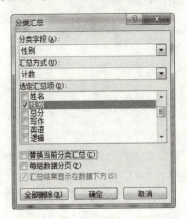

图 4-26　"嵌套分类汇总"设置

（3）单击"确定"按钮，完成对工作表中各班级男女学生对应人数的分类汇总，如图 4-27 所示。

（4）保存该文件。

注：若要取消分类汇总，可在"分类汇总"对话框中单击"全部删除"按钮。

任务三　数据筛选

1. 自动筛选

在"学生成绩综合评定原始数据表.xlsx"中打开"自动筛选"表，在"自动筛选"表中，自动筛选出总分超过 500 分且英语成绩高于 80 分的学生数据。

（1）单击"自动筛选"表，将光标定位于要筛选的数据清单的任一单元格。

（2）在"数据"选项卡的"排序和筛选"组中单击"筛选"按钮，即可看到每列标题旁都有筛选按钮▼。

图 4-27　嵌套分类汇总

（3）单击"总分"右边的▼按钮，选择"数字筛选"中的"大于"，弹出"自定义自动筛选方式"对话框，如图 4-28 所示。

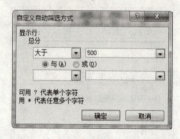

图 4-28　"自定义自动筛选方式"对话框

（4）在该对话框中选择"总分"为"大于"，在右边的框中输入"500"，单击"确定"按钮。

（5）用类似的方法，设置英语大于 80 分，如图 4-29 所示。

（6）保存该文件。

图 4-29　自动筛选

2. 高级筛选

要进行高级筛选，首先需要选择条件区域，并且要确保条件区域和数据区至少留空一行或一列。

（1）单击"高级筛选"表，把 A28:D29 单元格区域作为条件区，在 A29:D29 单元格区域中输入筛选字段名称：总分、写作、英语、综合名次；在 A29:D29 单元格区域中输入需要同时满足的筛选条件：总分＞500、写作＞80、英语＞85、综合名次＜5，如图 4-30 所示。

图 4-30 "高级筛选"条件区域的输入

（2）将光标定位于数据区的任一单元格中，在"数据"选项卡的"排序和筛选"组中单击"高级筛选"按钮，打开"高级筛选"对话框，如图 4-31 所示。

（3）在"方式"选项组中选定"将筛选结果复制到其他位置"单选钮，再指定相应的"列表区域"、"条件区域"和"复制到"，如图 4-31 所示。

图 4-31 "高级筛选"对话框设置

（4）单击"确定"按钮，即完成高级筛选操作，显示结果如图 4-32 所示。

（5）保存该文件。

注：在条件区域可中以根据需要定义多个条件，以便筛选符合多个条件的记录。多个条件如果输入到条件区域的同一行上，则表明各个条件之间为"与"的关系，即这些条件必须同时成立的记录才算符合条件；如果输入到不同行上，则表明各个条件之间为"或"关系，即这些条件中只要有一个条件成立的记录都算符合条件。

	A	B	C	D	E	F	G	H	I	J	K	L
17	060106	材成164	赵晓娜	女	581	75	84	84	85	80	77	96
18	060114	材成164	卞永辉	男	506	56	70	89	70	70	79	72
19	060115	材成164	韩朝辉	男	569	72	83	87	85	70	86	86
20	060117	材成164	邢鹏	男	597	78	84	86	96	90	84	79
21	060118	材成164	孙治国	男	555	71	70	84	85	77	78	90
22	060119	材成164	丁一夫	男	531	75	82	67	87	79	71	70
23	060120	材成164	王军政	男	554	68	85	87	88	69	75	82
24	060121	材成164	王伟星	男	528	77	65	71	70	87	68	90
25	060122	材成164	赵志杰	男	516	73	76	70	87	68	77	65
26	060123	材成164	李晓东	男	544	74	74	86	84	77	73	76
27												
28	总分	写作	英语	综合名次								
29	>500	>80	>85	<5								
30												
31	学号	班级	姓名	性别	总分	写作	英语	逻辑	计算机	体育	法律	哲学
32	060101	材成161	马红丽	女	624	89	89	92	95	72	93	94
33	060103	材成163	付艳丽	女	628	86	93	94	91	73	97	94
34	060111	材成163	张琪	女	609	82	90	89	90	80	90	88
35	060105	材成164	魏翠香	女	629	83	97	94	93	80	90	92

图 4-32 "高级筛选"显示结果

任务四 创建数据透视表

数据透视表是一种对大量数据快速汇总和建立交叉列表的交互式表格，利用数据透视表，可以对表中数据进行重新组织和处理，迅速找出我们需要的信息。

实验步骤：

1. 打开资源包中的"学生学分统计表.xlsx"，将光标定位于数据区中任意一个单元格中。

2. 单击"插入"→"表格"→"数据透视表"，打开"创建数据透视表"对话框，如图 4-33 所示。

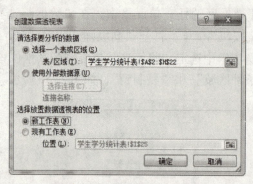

图 4-33 "创建数据透视表"对话框

3. 在该对话框中，默认区域是"学生学分统计表!$A$2：$H$22"。如果需要改动，则单击"表/区域"右边的切换按钮即"选择数据区域"按钮后再进行选择。

4. 选定"选择放置数据透视表的位置"下的单选钮"新工作表"，单击"确定"按钮，弹出数据透视表界面，如图 4-34 所示。

5. 在图 4-34 中，分别将"课程类别"拖动到"报表筛选"区，将"姓名"和"课程性质"拖到"行标签"区，将"课程名称"拖到"列标签"区，将"学分"拖动到"数值"区，如图 4-35 所示。

6. 单击"求和项：学分"右侧下拉按钮 → "值字段设置"，设置"学分汇总方式"为"求和"，如图 4-36 所示。

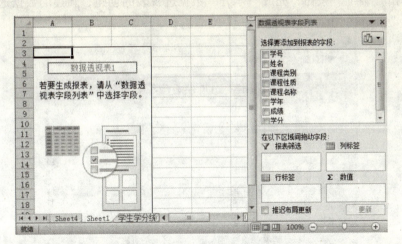

图 4-34　数据透视表界面

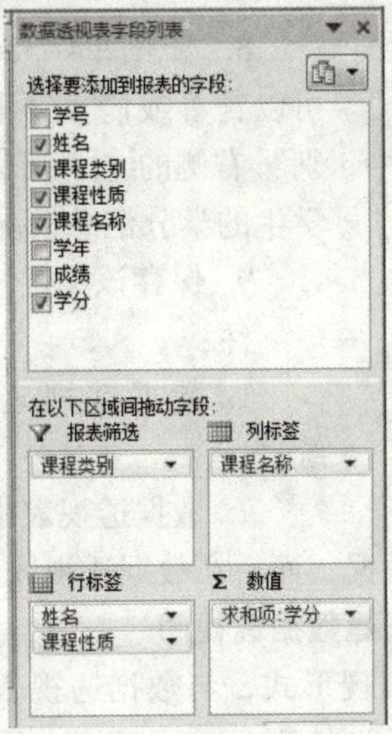

图 4-35　数据透视表布局设置

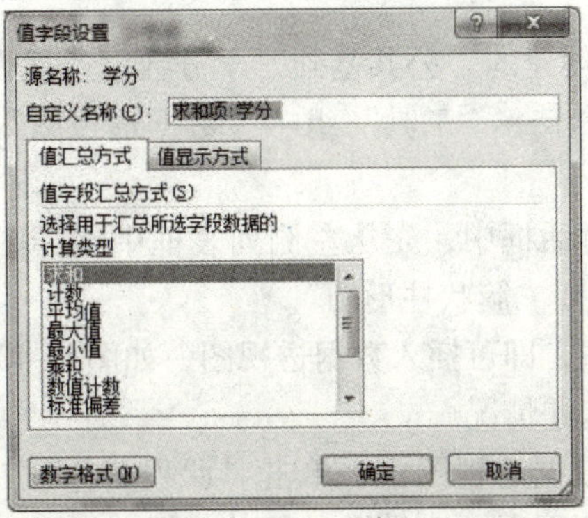

图 4-36　值字段设置

7. 单击"确定"按钮，完成"学分"数据透视表的创建，新建的数据透视表默认为插入在"sheet4"中，结果如图4-37所示。

图4-37 "学分数据"透视表

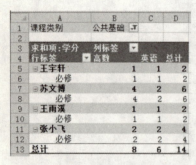

图4-38 "公共基础"学分透视表

8. 单击图4-35中下拉按钮▼和姓名前面的，可以查看或隐藏不同的内容。例如单击"课程类别"右侧的▼，可以查看到"公共基础"课程所有学生的学分汇总情况，如图4-38所示。

9. 保存该文件。

注：

1. 数据透视表可以对多字段内容进行单独统计。

2. 数据透视表中的数据是只读的，因此，只能通过修改与之链接工作表中的数据，而后在数据透视表中刷新数据完成修改。

任务五 利用数据透视表创建数据透视图

数据透视图是另一种数据表现形式，与数据透视表不同的是，它可以选择适当的图形来描述数据的特性，更形象地体现出数据情况。用户可以根据已经创建好的数据透视表来创建数据透视图，也可以根据数据源表创建数据透视图。

实验步骤：

1. 打开如图4-38所创建的"公共基础"学分数据透视表，选中任一单元格。

2. 单击"选项"选项卡→"工具"组→"数据透视图"按钮，打开"插入图表"对话框，如图4-39所示。

3. 在"插入图表"对话框中，先从左侧列表框中选择图表类型"柱形图"，然再从右侧列表框中选择子类型"簇状柱形图"。

4. 单击"确定"按钮，即可插入数据透视图，如图4-40所示。

5. 仅显示"高数"选课情况。

在如图4-40所示的数据透视图中，单击"课程名称"右侧下拉按钮▼，去掉其他选项，选择"高数"，仅显示"高数"的相关数据，如图4-41所示。

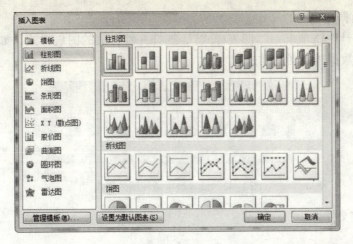

图 4-39 "插入图表"对话框

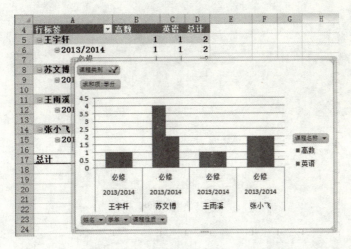

图 4-40 插入"公共基础"课程数据透视图

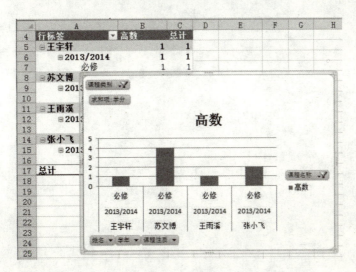

图 4-41 筛选"高数"课程数据透视图

6. 设置数据透视图的样式。

单击"设计"选项卡→"图表样式",选择一种合适的图表样式,如图 4-42 所示即可快速改变数据透视图的样式。

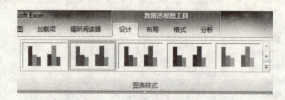

图 4-42　设置数据透视图的样式

7. 保存该文件。

实验 5　Office PowerPoint 2010

5.1　实验目的

1. 掌握演示文稿的制作及编辑方法。
2. 掌握幻灯片的切换及演示文稿放映的各种方法。
3. 掌握演示文稿中超链接的设置及对象自定义动画效果的设置。
4. 掌握模板的使用和在演示文稿中插入各种对象的方法。
5. 掌握相册的制作方法。

5.2　实验内容

5.2.1　演示文稿的制作

演示文稿制作包括确定主题、收集素材、制作与编辑幻灯片文件和幻灯片预演等内容。

成功的演示文稿制作需要把握以下几个原则。
1. 主题明确，内容精炼。
2. 逻辑清晰，内容组织结构化。
3. 风格一致，页面简洁。

任务一　制作演示文稿

制作一个包含 6 个演示页面、主题为"个人简介"的演示文稿作品。首页为封面，其他各页表现不同的内容，具体要求如表 5-1 所示。

表 5-1　演示文稿内容

页　面	标　题	内　　容	表现形式
1	个人简介	标题、目录	文字、图片
2	个人资料	姓名、年龄、学习经历、自我评价等	文字、图片或个人照片
3	专业知识	专业名称、基础课程、专业课程等	文字、图片、剪贴画
4	爱好特长	个人爱好、特长及取得的成果	文字、图片、剪贴画
5	家乡介绍	家乡简介、山水、特产等	文字、图片
6	致谢	感谢语	文字、图片

实验步骤：

1. 启动 Office PowerPoint 2010。

2. 单击"文件"→"新建"→"空白演示文稿"，单击"创建"按钮，打开一个没有任何设计方案和示例的空白幻灯片，如图 5-1 所示。

图 5-1　新建演示文稿

3. 设计幻灯片版式。

单击"开始"→"版式"，单击 ▼ 按钮，挑选自己所需的版式，如图 5-2 所示。也可选择空白版式，自己添加文本框，完成内容的输入和编辑。

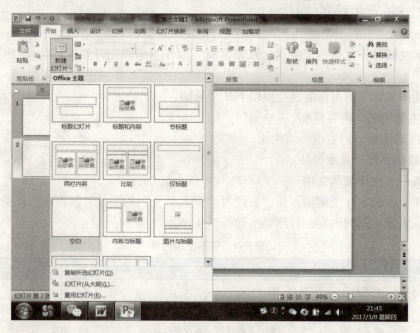

图 5-2　新建幻灯片版式

4. 设计幻灯片背景。

（1）单击"设计"，选择一个已有样式中的背景。

(2) 选择"背景样式",选择一个已有样式中的背景。
(3) 选择"背景样式"→"设置背景格式",自己设计背景。
以上三种方法如图 5-3 所示。

图 5-3 "背景样式"选项卡

5. 制作第一张幻灯片。

插入一个文本框,输入"个人简介",也可制作成艺术字。再插入一个文本框,依次输入"个人资料"、"专业知识"、"爱好特长"、"家乡介绍"和"致谢"5 个对象,字体、字号和颜色从"开始"选项中设定,字间距、行间距可自行选择,也可插入图片,以美观为佳。样例如图 5-4 所示。

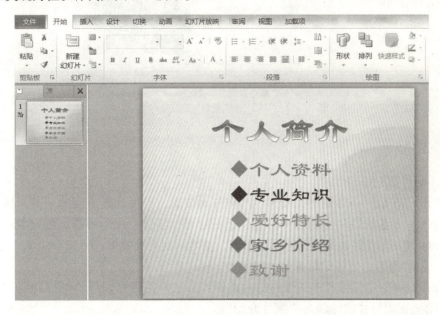

图 5-4 第一张幻灯片

6. 制作第二张幻灯片。

单击"开始"→"新建幻灯片",单击 ▼ 按钮,选择"标题和内容"版式。在标题栏中输入"个人资料",在标题栏下方的文本框中输入相应的个人信息,修改标题及个人信息的字号、字体等,插入图片,使之达到美观效果,如图 5-5(a)、图 5-5(b)所示。

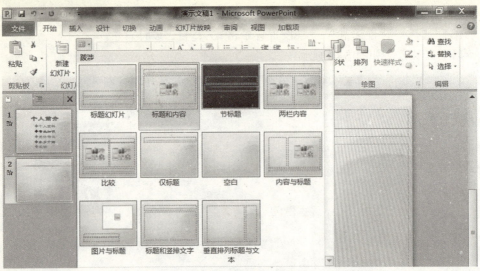

(a)"标准和内容"版式

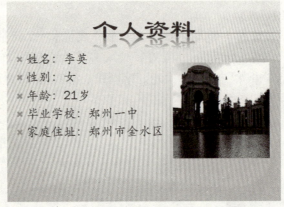

(b)"个人资料"幻灯片

图 5-5　制作第二张幻灯片

7. 制作第三张幻灯片。

单击"开始"→"新建幻灯片",单击▼按钮,也可选择不同的版式。插入文本框,输入"专业知识"中的各种信息,进行字号、字体、段落等排版的设置,同时可插入一幅预先准备好的图片,并适当修饰,使之达到美观效果。

8. 制作第四、五张幻灯片。

操作请按照第二张或第三张幻灯片的制作方法。第四张幻灯片的标题为"爱好特长",第五张幻灯片的标题为"家乡介绍"。

9. 制作第六张幻灯片。

单击"开始"→"新建幻灯片",单击▼按钮,选择"空白"版式。

单击"插入"→"艺术字",选择一种艺术字形状(如图5-6所示),在幻灯片上出现插入艺术字内容文本框后,在文本框中输入"谢谢!",进行字号、字体的设置,对艺术字做美化处理。

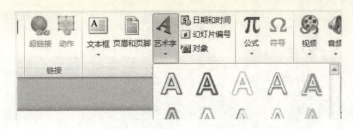

图 5-6 "艺术字"选项卡

10. 单击"文件"→"另存",选择存储路径,如 E:\,输入文件名"×××个人简介.pptx",然后单击"保存"按钮。

任务二 设置"个人简介.pptx"演示文稿的几种放映方式

实验步骤:

1. 打开任务一制作的"个人简介.pptx"演示文稿,单击"幻灯片放映"→"从头开始"放映全部幻灯片,如图 5-7 所示。

2. 从"个人简介.pptx"演示文稿的第三张幻灯片开始放映,选定第三张幻灯片,单击"幻灯片放映"→"从当前幻灯片开始",放映第三张幻灯片到最后一张幻灯片。

图 5-7 "幻灯片放映"选项卡

3. 更改"个人简介.pptx"演示文稿的放映顺序,单击"幻灯片放映"→"自定义幻灯片放映"→"选择幻灯片 3"→"添加",在右边的顺序表中单击"确定"按钮,建立了自定义放映 1,单击"放映",开始按 3-2-4 的顺序放映幻灯片,如图 5-8、图 5-9 所示。

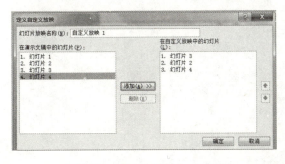

图 5-8 "自定义放映"对话框

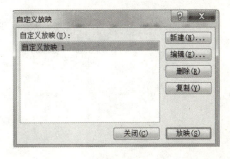

图 5-9 自定义放映

4. 设置"个人简介.pptx"演示文稿循环放映从第二张到第五张幻灯片,单击"设置幻灯片放映",在放映选项中选择"循环放映",在放映幻灯片中设置"从(F):2-5",单击"确定"按钮,开始按从 2 到 5 的顺序循环放映,如图 5-10 所示。

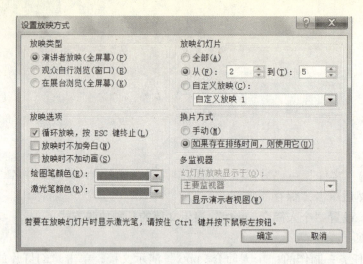

图 5-10 "设置放映方式"对话框

5.2.2 创建超链接与自定义动画效果

任务一 创建超链接

在"个人简介.pptx"演示文稿的首页幻灯片上创建与后面每张幻灯片的超链接，并在后面每张幻灯片上创建返回到首页幻灯片的超链接按钮。

实验步骤：

1. 在首页标题幻灯片中，选定"个人资料"，单击"插入"→"超链接"，链接到"本文档中的位置"，选中第二张"2. 个人资料"，单击"确定"按钮，完成"个人资料"的超链接设置，如图 5-11 所示。

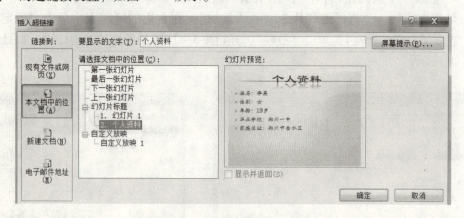

图 5-11 "插入超链接"对话框

2. 重复第 1 步的操作过程，完成剩余 4 个菜单的超链接。

3. 在第二张幻灯片上创建返回到首页幻灯片的超链接按钮。

插入文本框，输入"返回"，选中"返回"两字，再单击"插入"→"动作"，在"动作设置"对话框中选中"超链接到"→"第一张幻灯片"，选中"播放声音"，在其下拉列表框中选中"鼓声"，单击"确定"按钮，如图 5-12 所示。

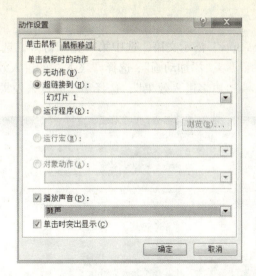

图 5-12 "动作设置"对话框

4. 也可采用插入一个动作按钮的方法。

单击"插入"→"插图"→"形状"（如图 5-13 所示），从中选择"动作按钮"中的"左箭头"插入，在"动作按钮"上添加"返回"，再继续进行"动作设置"对话框中的选择。

图 5-13 单击"插入"→"插图"→"形状"

5. 在后面 4 张幻灯片的右下角均复制该动作按钮。也可以采用在母版上添加一个动作按钮的方法。

6. 在放映幻灯片的过程中，单击任一张幻灯片的动作按钮，幻灯片播放视图都会立刻返回到首页幻灯片。

7. 保存演示文稿。

注：

（1）在幻灯片中添加超链接一般有两种方式：设置动作按钮或对某个对象建立超链接。

（2）建立的超链接也可以链接到一个 Word 文件、一个 Excel 文件或另一个 PowerPoint 文件。

任务二　对幻灯片中的各种对象设置动画效果

对幻灯片中的对象进行动画效果、出现顺序、每个对象播放时间等设置。PowerPoint 2010 支持幻灯片中文本、图片、声音和图像的动态显示，可以控制不同对象的显示效果：先后顺序、对象出现时的声音效果等，以达到突出重点、控制信息流程、提高趣味性的目的。

实验步骤:

1. 打开"个人简介.pptx"演示文稿,选中第一张幻灯片,选中幻灯片中"个人简介"艺术字,单击"动画"→"添加动画",选择"飞入"的进入效果,如图5-14所示。也可单击"添加动画"→"更多进入效果",选择更多的进入效果。

图5-14　添加动画效果

2. 单击"效果选项"右下角的 按钮,方向为"自左侧"飞入,声音为"抽气",动画文本为"按字/词",单击"确定"按钮,如图5-15所示。

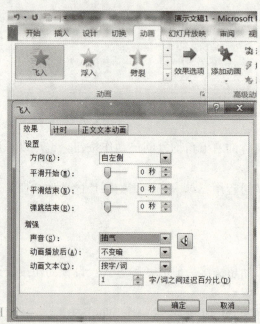

图5-15　"效果"对话框

3. 设置动画开始的方式。
单击"动画窗格"→"单击开始",或默认"开始"选项中的"单击时",如图5-16所示。

4. 将该张幻灯片的第二个文本框中的对象拆分成五个文本框(即五个对象),重

图 5-16 "动画窗格"对话框

复第 1~3 的操作步骤，对"个人资料"、"专业知识"、"爱好特长"、"家乡介绍"和"致谢"5 个对象分别设置不同的自定义动画，如图 5-17 所示。也可以用"动画刷"刷已设好的动画效果。

图 5-17 动画效果设置

5. 调整对象出现的顺序，在"动画窗格"中选中某个"对象"并上下"拖动"，即可调整对象出现的先后顺序，如图 5-18 所示。或在"对动画重新排序"选项中，选择"向前、向后移动"调整出现的先后顺序。

6. 为对象添加强调、退出的效果。单击"添加动画"→"更多强调效果"或"更多退出效果"，对象就有 2 个以上的动画效果，如图 5-19（a）、图 5-19（b）所示。

图 5-18 调整动画顺序

7. 对第二张到第六张幻灯片中的对象，重复第 1~6 的操作步骤，根据自己的爱好进行设置，使之达到赏心阅目的播放效果。

(a)更多动画效果

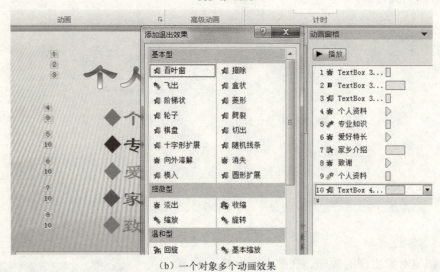

(b)一个对象多个动画效果

图 5-19　更多动画效果和一个对象多个动画效果

8. 保存演示文稿。

任务三　对"个人简介"演示文稿设置放映时幻灯片的切换方式

幻灯片的切换是指在放映时从一张幻灯片变换到另一张幻灯片的过程。如果没有设置幻灯片的切换效果，放映时单击鼠标会以默认方式切换到下一张，如果设置了切换效果，幻灯片就按照设置的效果切换到下一张，从而使放映的效果更加生动。

实验步骤：

1. 打开"个人简介"演示文稿，单击"第一张幻灯片"，单击"切换"→"百叶窗"→"效果选项"→"水平"。同时，可以在放映时伴有声音。选择"风铃"→

"持续时间";最后,单击"预览"按钮,第一张幻灯片伴着风铃声,按水平百叶窗的方式播出。

2. 单击"切换"→"换片方式"→"单击鼠标时",或将自动换片时间设置为"10 秒",这样,在 10 秒后切换到第二张幻灯片,如图 5-20 所示。

图 5-20 "切换"选项卡

3. 选中第二张到第六张幻灯片,按照第 1~2 的操作步骤,依次设置每张幻灯片的切换方式。

4. 如果要使后面幻灯片的放映方式与第一张的相同,选中第一张,单击"全部应用"即可。

5. 保存演示文稿。

5.2.3 演示文稿的个性化

任务一 幻灯片母版设计

母版是使演示文稿的幻灯片具有一致外观的重要工具,用于控制幻灯片上所输入的标题和文本的格式及类型。母版上包含了出现在每页幻灯片上的可显示元素,如文本占位符、图形、动作按钮等。

实验步骤:

1. 单击"视图"→"母版视图"→"幻灯片母版","幻灯片母版"选项卡如图 5-21 所示。

图 5-21 "幻灯片母版"选项卡

2. 在幻灯片母版页面底部的三个文本框中分别插入日期、制作单位、幻灯片编号,如图 5-22 所示。

3. 插入预先准备好的图片作为幻灯片的背景,调整背景图片的大小,适当美化幻灯片母版,选中图片后单击右键,将图片置于底层,如图 5-23 所示。

4. 关闭母版。

图 5-22 设计幻灯片母版

图 5-23 设计幻灯片母版中对象的层次

任务二　幻灯片模板的设计

实验步骤：

1. 选择主题模板

单击"设计"→"主题",选择所需主题,可更改主题颜色和效果,单击"颜色"→"效果"→"保存"按钮,即可创建一个基于该主题的演示文稿。最后,右击所选主题,在弹出的快捷菜单中选择主题模板的应用范围为"应用于所有幻灯片"或"应用于选定幻灯片",如图 5-24 所示。

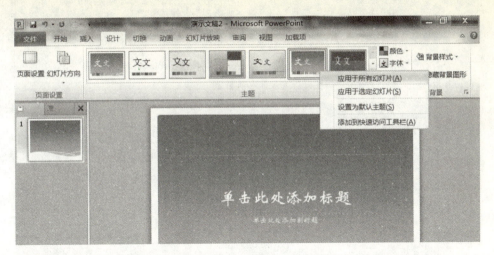

图 5-24 设计主题模板

2. 根据模板创建演示文稿

（1）选择自带的样例模板。

单击"文件"→"新建"→"可用的模板和主题"→"样式模板"→"培训"→"创建"，即可创建一个基于该模板的演示文稿。图 5-25 是"培训新员工"模板。

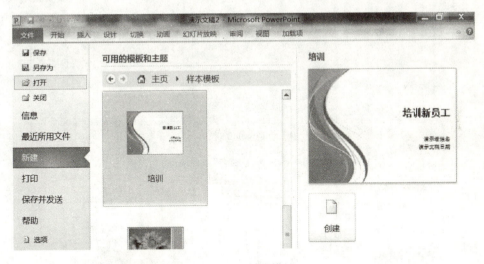

图 5-25 样式模板

（2）使用 Office.com 模板网站的模板。

单击"文件"→"新建"→"可用的模板和主题"→"Office.com 模板"，选择"论文和报告"→"论文"下载，或选择个人所需的模板类型从网上下载，如图 5-26（a）、图 5-26（b）所示的论文模板。

（3）在"可用的模板和主题"中选择"我的模板"，如图 5-27 所示，可以自由选择自己的模板。

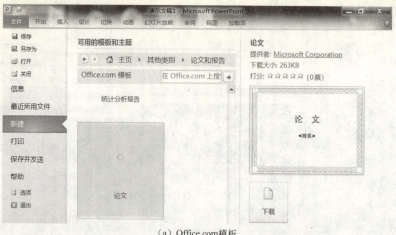

(a) Office.com模板

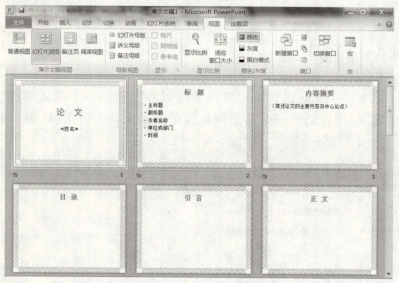

(b) Office.com论文模板

图 5-26　Office.com 模板和 Office.com 论文模板

图 5-27　我的模板

任务三　在幻灯片中插入媒体对象（视频、音频）

实验步骤：

1. 选中一张幻灯片。

如图 5-28 所示，单击"插入"→"媒体"→"视频"→"文件中的视频"，在弹出的对话框中插入预先准备好的视频文件。

图 5-28　插入视频

2. 如图 5-29 所示，单击"插入"→"媒体"→"音频"→"文件中的音频"，在弹出的对话框中插入预先准备好的音频文件，设置播放音量等。

图 5-29　插入音频

3. 在 PowerPoint 2010 演示文稿中，除可以添加已有的声音外，还可以添加自己录制的声音，既可以为单张幻灯片录制声音，也可以为整个演示文稿录制声音或录制旁白，在幻灯片放映时播放。

任务四　可视化的 SmartArt 图形

实验步骤：

1. 打开"个人简介"演示文稿，单击"第一张幻灯片"→"选中一个框中五个目录"（纯文本），单击"开始"按钮→"段落"组 → "转换为 SmartArt 图形"，选择一种图示形状，单击"确定"按钮，即可转换成直观的图形表示，如图 5-30 所示。

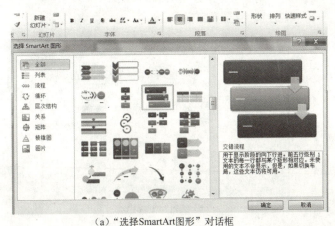

（a）"选择SmartArt图形"对话框

图 5-30　可视化的 SmartArt 图形

（b）SmartArt图形

图 5-30 可视化的 SmartArt 图形（续）

2. 另一种方法是单击"插入"，选择插图中的"SmartArt"，选择一种图示形状，单击"确定"按钮，在选定的图形上方单击右键，选择"编辑文字"，向图形中添加文字，即可用图形的方式直观表示，如图 5-31 所示。

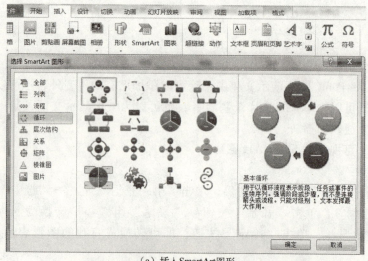

（a）插入SmartArt图形

（b）编辑SmartArt图形

图 5-31 插入、编辑 SmartArt 图形

5.2.4 综合实验演练

任务一　制作相册

1. 创建一个相册，并包含 Photo(1).jpg ~ Photo(12).jpg 共 12 幅摄影作品。在每张幻灯片中包含 4 幅图片，并将每幅图片设置为"居中矩形阴影"相框形状。

2. 设置相册主题为指定文件夹中的"相册主题.pptx"样式或个人喜好的样式。

3. 在标题幻灯片后插入一张新的幻灯片，将该幻灯片设置为"标题和内容"版式。在该幻灯片的标题位置输入"摄影社团优秀作品赏析"；并在该幻灯片的内容文本框中输入 3 行文字，分别为"湖光春色"、"冰消雪融"和"田园风光"。

4. 将"湖光春色"、"冰消雪融"和"田园风光"3 行文字转换成样式为"蛇形图片题注列表"的 SmartArt 对象，并将 Photo(1).jpg、Photo(6).jpg 和 Photo(9).jpg 定义为该 SmartArt 对象的显示图片。

5. 为 SmartArt 对象添加自左至右的"擦除"进入动画效果，并要求在幻灯片放映时该 SmartArt 对象元素可以逐个显示。

6. 在 SmartArt 对象元素中添加幻灯片跳转链接，使得单击"湖光春色"标注形状可跳转至第三张幻灯片，单击"冰消雪融"标注形状可跳转至第四张幻灯片，单击"田园风光"标注形状可跳转至第五张幻灯片。

7. 为相册中每张幻灯片设置不同的切换效果。

8. 将资源包中的"ELPHRG01.wav"声音文件作为该相册的背景音乐，并在幻灯片放映时即开始播放。

9. 将该相册保存为"PowerPoint.pptx"文件。

实验步骤：

1. 单击"文件"→"新建"→"空白演示文稿"→"创建"。

2. 单击"插入"→"图像"组→"相册"，弹出"相册"对话框，如图 5-32 所示。

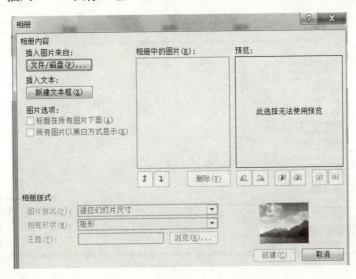

图 5-32　"相册"对话框

3. 单击"文件/磁盘"→"插入新图片",找到图片所在位置,选中 12 张图片,单击"插入"按钮,如图 5-33 所示。

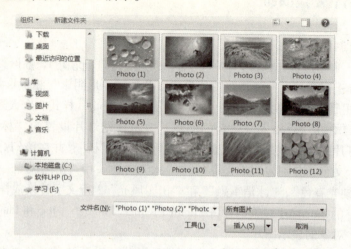

图 5-33 插入图片

4. 在"相册"对话框的"图片版式"下拉列表中选择"4 张图片",单击"创建"按钮,如图 5-34 所示。对第一张"相册"封皮,根据个人爱好进行设定。

(a) 图片版式

(b) "相册"演示文稿

图 5-34 图片版式与"相册"演示文稿

5. 将光标定在第二张幻灯片前,单击"开始"→"新建幻灯片"→"标题和内容",插入一张新幻灯片。在标题栏中输入"摄影社团优秀作品赏析",在"内容"文本框中输入 3 行文字:"湖光春色"、"冰消雪融"、"田园风光"。

6. 选中 3 行文字,单击"转换为 SmartArt",从中选定"蛇形图片题注列表",单击"确定"按钮,即可转换由图和文字构成的模块。

7. 单击模块中"图片"的位置,找到图片 Photo(1).jpg,单击"插入",即可完成第一个模块,如图 5-35 所示。后面两张图片用同样的方法插入,完成模块。

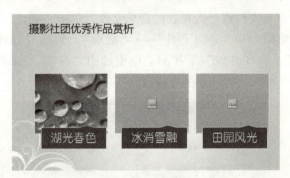

图 5-35　转换为 SmartArt 图形

8. 选中 3 幅图片,单击"右键"→"组合"→"取消组合",再使图片和下方文字"组合",设定每组的动画效果,单击"动画"→"擦除"→"效果选项"→"自左侧"→"确定"按钮,放映时就可以逐个显示。

9. 选中"湖光春色",单击"插入"→"动作",进入"动作设置"对话框,选择"超链接到"→"幻灯片…",选择"幻灯片 3",单击"确定"按钮,如图 5-36 所示。

图 5-36　跳转链接

10. 编辑第三张到第五张幻灯片,选中一幅图片,单击"图片工具 格式",在"图片样式"中选择"居中矩形阴影"。之后,将每幅图片都按照此方法设置为"居中矩形阴影"相框形状,如图 5-37 所示。

11. 根据个人喜好,为相册中每张幻灯片设置不同的切换效果。

12. 单击"插入"→"媒体"→"音频"→"文件中的声音"按钮,找到

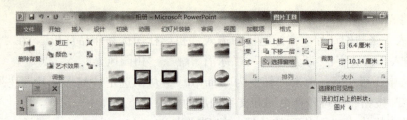

图 5-37　图片样式

"ELPHRG01.wav"声音文件或个人喜欢的音乐文件,单击"确定"按钮。

13. 选中"小喇叭"→"音频工具"→"播放",勾选"循环播放,直到停止"和"播完返回开头",在"开始"下拉列表框中选中"自动",如图 5-38 所示。在幻灯片放映时,单击"喇叭"即开始循环播放。

图 5-38　播放设置

14. 单击"文件"→"另存为"→"相册.pptx"→"保存"按钮,该相册即保存为".pptx"文件。

任务二　北京主要景点介绍

1. 新建演示文稿,并以"北京主要旅游景点介绍.pptx"为文件名保存。
2. 第一张标题幻灯片中的标题设置为"北京主要旅游景点介绍",副标题为"历史与现代的完美融合"。
3. 在第一张幻灯片中插入歌曲"北京欢迎你.mp3",设置为自动播放,并设置声音图标在放映时隐藏。
4. 第二张幻灯片的版式为"标题和内容",标题为"北京主要景点",在文本区域中以项目符号列表方式依次添加下列内容:天安门、故宫博物院、八达岭长城、颐和园、鸟巢。
5. 自第三张幻灯片开始按照天安门、故宫博物院、八达岭长城、颐和园、鸟巢的顺序依次介绍北京各主要景点,相应的文字素材"北京主要景点介绍-文字.docx"以及图片文件均存放在资源包中,要求每个景点介绍占用一张幻灯片。
6. 将最后一张幻灯片的版式设置为"空白",并插入艺术字"谢谢"。
7. 将第二张幻灯片列表中的内容分别超链接到后面对应的幻灯片,并添加返回到第二张幻灯片的动作按钮。
8. 为演示文稿选择一种设计主题,要求字体和整体布局合理、色调统一,为每张幻灯片设置不同的幻灯片切换效果,以及文字和图片的动画效果。
9. 除标题幻灯片外,其他幻灯片的页脚均包含幻灯片编号、日期和时间。
10. 设置演示文稿放映方式为"循环放映,按 Esc 键终止",换片方式为"手动"。

任务三 "天河二号超级计算机"介绍

1. 演示文稿共包含 10 张幻灯片：标题幻灯片 1 张，概况 2 张，特点、技术参数、自主创新和应用领域各 1 张，图片欣赏 3 张（其中一张为图片欣赏标题页）。幻灯片必须选择一种设计主题，要求字体和色彩合理、美观大方。所有幻灯片中除了标题和副标题外，其他文字的字体均设置为"微软雅黑"。演示文稿保存为"天河二号超级计算机.pptx"。

2. 第一张幻灯片为标题幻灯片，标题为"天河二号超级计算机"，副标题为"——2014 年再登世界超算榜首"。

3. 第二张幻灯片采用"两栏内容"的版式，左边一栏为文字，右边一栏为图片，图片在资源包中名为"Image1.jpg"。

4. 以下的第三张到第七张幻灯片的版式均为"标题和内容"。素材中的黄底文字即相应页幻灯片的标题文字。

5. 第四张幻灯片标题为"二、特点"，将其中的内容设为"垂直块列表"SmartArt 对象，素材中红色文字为一级内容，蓝色文字为二级内容。并为该 SmartArt 图形设置动画，要求组合图形"逐个"播放，并将动画的开始设置为"上一动画之后"。

6. 利用相册功能为资源包中的"Image2.jpg"～"Image9.jpg"8 幅图片"新建相册"，要求每张幻灯片 4 幅图片，相框的形状为"居中矩形阴影"；将标题"相册"更改为"六、图片欣赏"。将相册中的所有幻灯片复制到"天河二号超级计算机.pptx"中。

7. 将该演示文稿分为 4 节，第一节节名为"标题"，包含 1 张标题幻灯片；第二节节名为"概况"，包含 2 张幻灯片；第三节节名为"特点、参数等"，包含 4 张幻灯片；第四节节名为"图片欣赏"，包含 3 张幻灯片。每一节的幻灯片均为同一种切换方式，节与节的幻灯片切换方式不同。

8. 除标题幻灯片外，其他幻灯片的页脚显示幻灯片编号。

9. 设置幻灯片为循环放映方式，如果不单击鼠标，幻灯片 10 秒钟后自动切换至下一张。

实验 6　Microsoft Visio 的使用

6.1　实验目的

1. 熟悉 Microsoft Visio 的界面、功能，掌握软件的基本操作。
2. 学会阅读流程图，掌握基本流程图的制作。

1. Microsoft Visio

Microsoft Visio 是 Microsoft Office 家族中的一个成员，是一款便于 IT 和商务专业人员就复杂信息、系统和流程进行可视化处理、分析与交流的办公绘图软件，简称为 Visio。它将强大的功能和简单的操作完美地结合在一起。使用 Visio 可以绘制业务流程图、组织结构图、项目管理图、营销图表、办公室布局图、网络图、电子线路图、数据库模型图、工艺管道图、鱼骨图和方向图等，因而 Visio 被广泛地应用于软件设计、办公自动化、项目管理、广告、企业管理、建筑、电子、机械、通信、科研和日常生活等众多领域。Visio 提供了一些常用模板和预制形状以简化操作，有助于快速制作专业图表。

2. Microsoft Visio 的模板、模具和形状

形状（Shape）是标准化的图形、图标，存储在模具中，是生成各种图形的"母体"。模具中预先画好的形状叫主控形状。

模具（Stencil）是与模板相关联的形状的集合。模具文件包含了形状。

模板（Template）是经过预设和预定义的设计图，由模具、样式和设置等组成。模板文件（.vst）包含绘图文件（.vsd）和模具文件（.vss）。

3. 使用 Microsoft Visio 制作流程图

流程图又称输入/输出图，是指以特定的图形符号，配合简要的文字说明，用图形化的方式表示问题的解决步骤。流程图用于描述算法思路或具体的工作过程，相对于文字方式，流程图的描述形式更易于表述和理解，有助于人们快速地了解和改进工作过程。

4. 流程图常用图形符号

开始/结束⟮　⟯：流程的开始与结束。

流程▭：要执行的操作。

判定◇：问题判断或决策。

数据▱：数据的输入/输出。

连接线 ↓：执行的方向。

文档▱：以文件形式输入/输出。

子流程▭：描述涉及的子流程。

6.2 实验内容

6.2.1 设计流程图

任务　制作流程图

流程图常用于描述程序的算法。本实验编写程序求 $1+2+3+\cdots+50$ 的和。程序的算法设计如下：

1. 令 S 取 0 值。
2. 令 i 取 1 值。
3. 若 i≤50 成立，则执行第 4 步，否则执行第 6 步。
4. S←S + i。
5. i←i + 1，返回第 3 步。
6. 输出 S。

用基本流程图表示算法，内容形象直观，如图 6-1 所示。

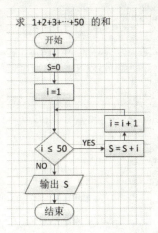

图 6-1　求 $1+2+3+\cdots+50$ 的和的流程图

6.2.2 用 Visio 绘制基本流程图

（1）创建新文件

启动 Microsoft Visio 2010，单击"文件"→"新建"→"基本流程图形状"→"创建"，如图 6-2 所示。

（2）添加形状

选定左侧模具中的形状，拖至绘图页的适当位置。通常按照从上到下、自左向右的顺序添加形状。如形状错误，可选中待删的形状，按 Delete 键删除。

按 Ctrl + Shift 组合键，可以放大显示图形，或者使用"显示比例"和"扫视和缩放窗口"工具缩放绘图页，以便放大查看部分图表，或者缩小显示全部图表。窗口布局如图 6-3 所示。

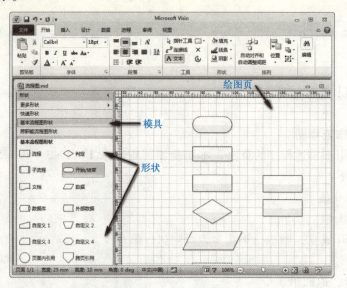

图 6-2　新建文件

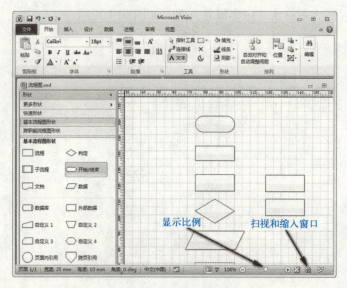

图 6-3　拖取形状

(3) 添加/编辑文本

双击形状，打开形状的文本块，在方框中输入文字，可以直接添加无边框形状的独立文本。

单击"文本"工具按钮来添加位置，输入文字。与有形状的文字一样，独立文本也可以移动位置。参照图 6-1 为形状添加文字，如图 6-4 所示。

(4) 调整形状的位置、大小

选定形状，拖动其形状手柄调整大小，避免文本变形或者比例不协调；移动形状的位置，设置形状间的合理间距，拖动时可在按住 Shift 键的同时选中多个形状，也可以拖动鼠标，用虚框选中多个对象。

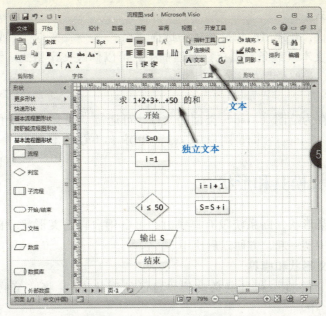

图 6-4　为形状添加文字

（5）连接形状

单击"开始"→"工具"→"连接线"，鼠标呈现连线状态，从源形状的连接点处拖至目标形状的连接点，如线条与形状的交接处是红色，则表示二者已正确相连；如果是绿色，则表示连接线与形状之间断开。可使用"指针"工具调整连接线。

完成所有连接线后，单击"指针工具"按钮，取消连线状态，恢复正常。

选定连接线，单击"开始"→"形状"→"线条"→"箭头"，然后选择箭头样式，使连接线的一端呈现箭头形状。双击连接线，可以在线内添加文本。

请参照图 6-5 设置形状之间的连接线。

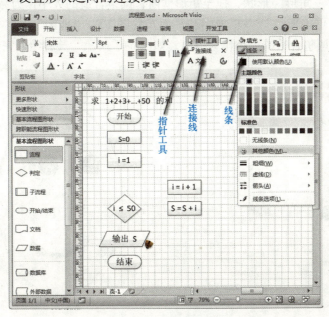

图 6-5　设置连接线

(6) 设置格式

右键单击形状，在弹出的快捷菜单中选择"格式"→"文本"（或"线条"、"填充"），在弹出的文本（线条、填充）对话框中，可以修改文字格式、线条格式、填充色和底纹图案等。最终效果如图 6-1 所示。

(7) 保存

系统默认保存为绘图（.vsd）类型的文件，可通过"另存为"操作，将文件保存为 AutoCAD 绘图（.dwg）、向量图形（.svg）、PDF 和 JPG 等类型。

6.2.3 自定义模具和形状

当经常使用某形状，而系统没有提供时，可由用户自定义形状。自定义模具将经常使用的形状集中到一起，方便以后使用。

任务　自定义形状和模具

自定义形状"笑脸"和自定义模具"自己的形状库"，将"笑脸"形状添加到"自己的形状库"中。

(1) 定义新形状

（a）单击"文件"→"新建""空白绘图"→"创建"按钮，创建一张新图。

（b）单击左侧的"更多形状"，然后选择"常规"→"基本形状"。

（c）选择"椭圆"形状，拖放至绘图页，调整到自认为合适的大小作为脸庞（以网格背景为参照）。右键单击矩形框→"格式"→"填充"，将"填充透明度"设为100%，单击"确定"按钮，设置完毕。

（d）选择"圆形"形状，拖至矩形框内，调整合适的大小作为眼周；再画 1 个圆形，填充为黑色，作为眼睛；移动两个圆至合适位置，如图 6-6 所示。

（e）选择"三角形"形状，拖至矩形框内，调整合适的大小作为鼻子。

（f）单击"更多形状"→"地图和平面布置图"→"地图"→"道路形状"，选择"弯道2"并调整合适的大小作为嘴巴，如图 6-7 所示，笑脸绘制完毕。

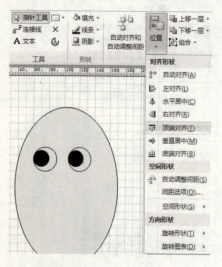

图 6-6　设置"眼睛"

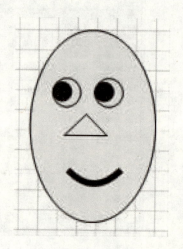

图 6-7　自定义笑脸

(g)按 Ctrl+A 组合键,选中所有形状,单击右键,然后选择"组合"命令来组合图形,并按 Ctrl+C 组合键,复制到剪贴板,以便添入模具并保存。

(2)创建新模具

自定义前首先要检查 Visio 2010 是否有"开发工具"选项卡,如果没有,则单击"文件"→"选项"→"高级",然后勾选"常规"中的"以开发人员模式运行"。

单击"开发工具"→"新建模具",出现"模具1"窗口,保存当前文件,在弹出的"另存为"对话框中设置保存位置为"E:\",文件名为"自己的形状库",类型为"模具(*.vss)"。单击"保存"按钮,"自己的形状库"模具定义完成。

(3)向自定义模具添加形状

(a)右键单击"自己的形状库"模具窗口→"新建主控形状",如图 6-8 所示。

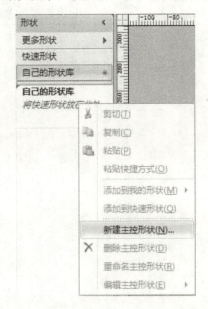

图 6-8 自己的形状库

(b)在弹出的"新建主控形状"对话框中输入自定义形状的名称"笑脸",单击"确定"按钮,如图 6-9 所示。形状"笑脸"出现在模具窗口中,一个没有内容的新形状定义成功。

(c)双击形状按钮左部,打开绘图页,可编辑形状的内容;双击形状按钮右部,可更改形状的名称。

(d)双击"笑脸"形状按钮的左部,在右边的绘图页粘贴新绘制的笑脸图案,单击"保存"→"确定"按钮。在"文件"选项卡中选择"关闭"→"是",单击"保存"按钮。形状添加完成。

(4)使用自定义模具、形状

(a)新建绘图文件,单击"更多形状"→"我的形状"→"组织我的形状",通过双击鼠标选取"E:\自己的形状库.vss"模具文件。

(b)拖曳"笑脸"形状至绘图页,调整形状大小,并保存绘图文件。

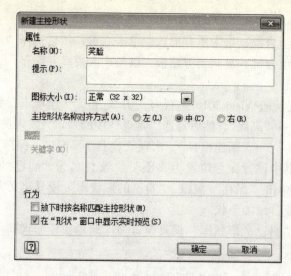

图 6-9 "新建主控形状"对话框

实验 7 网络与常用软件

7.1 实验目的

1. 了解网络的基本知识。
2. 了解局域网常用的传输介质 UTP 双绞线和组成小型局域网的基本硬件设备。
3. 了解小型局域网连接与测试的基本方法。
4. 掌握 IE 浏览器的使用方法。
5. 掌握几个常用工具软件的使用方法。

7.2 实验内容

7.2.1 组建小型局域网络

构建一个基于 IP 协议和 Windows 的局域网，每组的计算机组成一个工作组网络，同时也是一个独立的 IP 子网，其中的用户可以相互共享硬盘、文件、打印机等。使用双绞线制作跳线，将自己组内的计算机与一台 24 口交换机连接，并将交换机连至校园网络。

任务一 双绞线的制作、交换机与计算机的连接

实验步骤：

1. 实验准备

（1）用前述实验的 Visio 工具画出网络的星状拓扑图，并规划好网络设备的位置，预算所用水晶头、网线的数量。

（2）布局网络设备，制作网线进行网络连接。

2. 跳线的制作标准

网线对应的 RJ–45 插头（俗称水晶头）与对应信息模块插座的针脚定义如图 7–1 所示。

双绞线必须通过水晶头与网络设备连接，双绞线与水晶头的连接采用压接方式，一般按照 EIA/TIA–568 标准制作，其中 8 条线的排列顺序有 A、B 两种线序。对于不同用途，网线两端所使用的线序是不同的。EIA/TIA 布线标准规定的 568A 与 568B

两种线序标准的排列线序如表 7-1 和表 7-2 所示。

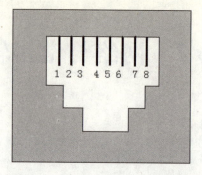

图 7-1　RJ-45 插座的针脚定义

表 7-1　EIA/TIA-568A 标准

针脚序号	1	2	3	4	5	6	7	8
线对颜色	绿白	绿	橙白	蓝	蓝白	橙	棕白	棕

表 7-2　EIA/TIA-568B 标准

针脚序号	1	2	3	4	5	6	7	8
线对颜色	橙白	橙	绿白	蓝	蓝白	绿	棕白	棕

(1) 跳线的种类

(a) 直通线：即双绞线两端的线序按照 568B 顺序一致排列，如果一端的第 1 脚为橙色，另一端的第 1 脚也必须为橙色的线，如图 7-2 所示。这种网线一般用于不同类设备之间的连接，如 PC 与交换机的连接。

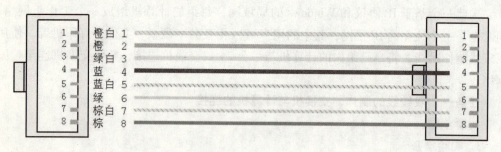

图 7-2　直通线示意图

(b) 交叉线：双绞线有 4 对 8 芯，但实际在网络传输中只用到其中的 4 芯，即水晶头的 1、2、3、6 脚，它们分别起着收、发信号的作用。交叉线的排列规则是：网线的一端的第 1 脚连接另一端的第 3 脚，网线一端的第 2 脚连接另一头的第 6 脚，其他脚一一对应即可，如图 7-3 所示。这种网线一般用于同种设备之间的连接，如 PC 与 PC、交换机与交换机之间的连接。

(2) 制作步骤

将计算机与二层交换机相互连接，所制作的网线应采用直通线（即线的两端均采用 EIA/TIA-568B 的线序），线序如图 7-2 和表 7-2 所示。

图7-3 568A和568B交叉线示意图

（a）剪取一段适当长度的双绞线，两端用网钳（如图7-4所示）剪齐，剥去端部塑料皮约20~25mm，如图7-5所示。

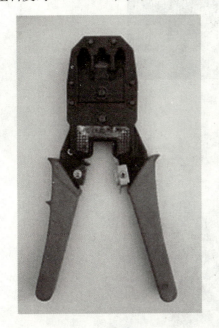

图7-4 网钳

图7-5 剥开的双绞线

（b）将4对线按568B的线序（棕绿蓝橙的顺序）排好理直，排队成棕、棕白、绿、蓝、蓝白、绿白、橙、橙白的序列，用网钳将头部留出15mm后剪齐，用力将8根线并排塞入水晶头内，直至8根线全部顶到水晶头底部。

（c）将水晶头置入网钳的RJ-45插座内，用力压下网钳的手柄，直到铜牙与网线充分咬合，如图7-6所示。

（d）用同样的方法制作双绞线另一端的水晶头。

（e）在线的两端粘贴线标以方便日后的管理和维护工作。

（f）将做好的网线两端插入网线测线仪的两个RJ-45端口内，打开电源开关，若看到仪器上指示灯按顺序依次轮流点亮，如图7-7所示，则网线制作成功。

3. 布线工作

将做好的跳线接头分别插入主机背板的网卡插口和交换机中。注意，将水晶接头插入网卡插口时，要轻轻地平行插入，直到听到"啪"的一声，确保水晶头和网卡接

图 7-6 水晶头的压制

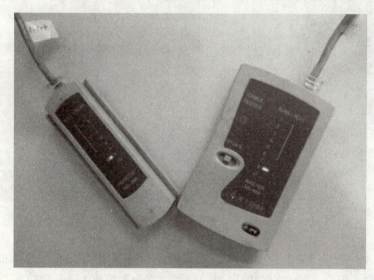

图 7-7 网线的测试

口接触良好。将实验组的计算机分别连至交换机，再用一根跳线的一端插交换机，另一端插到校园网的信息模块，实现与校园网的连通。

4. 物理连接的查看

网络的连接包括物理连通和计算机操作系统的逻辑连通。判断物理连通的方法是，当计算机和交换机加电后，查看网卡和交换机面板上的指示灯状态。一般情况下，网卡上绿灯亮表示网络连通，有数据交换时，绿灯闪烁。

至此，网络的硬件连接工作完成。

任务二 网络的配置

网络在实现了物理连接后，还要进行计算机名和工作组的设置、协议的安装与配置,以及共享等应用的一些操作。

实验步骤:

1. **计算机名和工作组的设置**

在一个网络中的所有计算机的名称不能相同,而且必须设置在同一个工作组内才可以在"网上邻居"中相互访问。因此,对每一台计算机均要进行计算机名和工作组的设置。

(1) 右击"我的电脑",选择"属性"→"高级系统设置"→"计算机名"选项卡,弹出"计算机名/域更改"对话框,单击"确定"按钮,如图 7-8 所示。

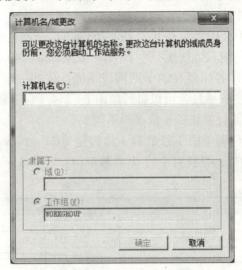

图 7-8　计算机名的更改

(2) 在"计算机名"框中输入"K58"(其他计算机的计算机名分别输入各自的计算机名,如 K59、K60 等),在"隶属于"区域中选择"工作组"单选钮,并在其编辑框中输入"WORKGROUP"(其他计算机的操作方法相同),如图 7-9 所示。

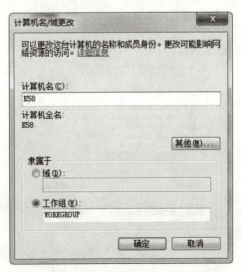

图 7-9　"计算机名/域更改"对话框

(3)单击"确定"按钮,弹出"欢迎加入 WORKGROUP 工作组"提示信息对话框,单击"确定"按钮,弹出"要使更改生效,必须重新启动计算机"提示信息对话框。单击"确定"按钮,重新启动系统后,计算机名称和工作组设置工作完成。

2. 配置网络环境和参数

跳线与网络设备的连接只实现了网络的物理连接,要实现网络的数据传递,必须对每台计算机进行网络配置,安装相应的网络客户端、网络协议和网络服务。

(1)规划网络工作参数

(a)在步骤 1 中完成了各组的工作组名、计算机名、用户名的设置后,各组进行每台机器的 IP 地址规划。

(b)IP 地址:每组的 IP 地址格式为 192.168.x.y,子网掩码为 255.255.255.0。其中,x 为子网地址,每组只能使用一个 1~254(含 1 和 254)之间的值,并且各实验组必须使用不同的值,即各组所在的子网网段不同。比如一组为 192.168.10.y,二组为 192.168.20.y。y 是主机地址,可以自行使用 1~254(含 1 和 254)之间的值分配给计算机,但同一组中不同计算机的 y 值必须不同。

例如,若一组中两位同学的学号最后 4 位数是 1021、1029,二组中两位同学的学号最后 4 位为 2058、2072,设置对应的 IP 参数举例如表 7-3 所示。

表 7-3 IP 地址规划表

项 目	学号后 4 位	子 网 掩 码	IP 地址
IP 参数	1021	255.255.255.0	192.168.10.21
IP 参数	1029	255.255.255.0	192.168.10.29
IP 参数	2058	255.255.255.0	192.168.20.58
IP 参数	2072	255.255.255.0	192.168.20.72

(2)设置 IP 地址

(a)右击桌面上的"网上邻居",选择"属性",出现"网络连接"窗口,选择"更改适配器属性",再右击窗口中的"本地连接",选择"属性",打开"本地连接属性"对话框,如图 7-10 所示。

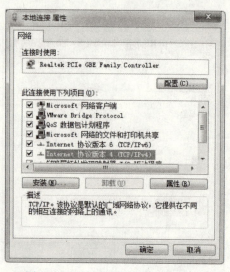

图 7-10 "本地连接 属性"对话框

（b）单击"属性"按钮，弹出"连接属性"对话框，选择"Internet 协议版本 4（TCP/IPv4）"→"属性"，打开"Internet 协议版本 4（TCP/IPv4）属性"对话框，如图 7-11 所示。

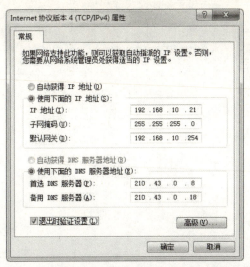

图 7-11 "Internet 协议版本 4（TCP/IPv4）属性"对话框

在该对话框中设置网卡的 IP 地址、子网掩码、默认网关和 DNS 服务器地址等相关信息。系统安装时默认的是自动获得 IP 地址，单击"使用下面的 IP 地址"单选钮来输入固定 IP 地址、子网掩码、默认网关和 DNS 服务器地址的内容，然后单击"确定"按钮。

至此，局域网 IP 地址配置完成。

3. 网络资源共享的设置

（1）当多台计算机都按以上步骤设置完成后，重新启动系统。打开"网络"窗口，选择"网络和共享中心"选项卡，在窗口中罗列出"WORKGROUP"工作组中通过网络连接在线的计算机，如图 7-12 所示。

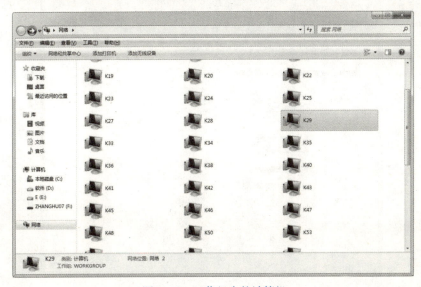

图 7-12 工作组中的计算机

双击 K50 图标，打开网络计算机 K50 上所提供的共享资源窗口（网络共享资源需要在 K50 上预先设置完成），如图 7-13 所示。

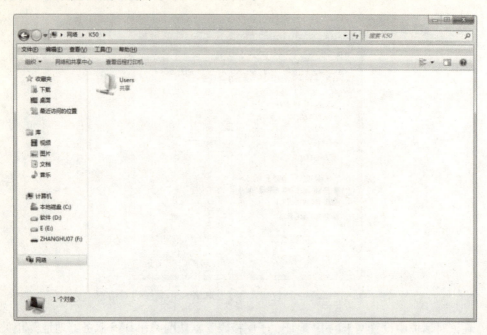

图 7-13 "WORKGROUP" 工作组计算机的共享内容

（2）选中"本地磁盘（F）"→"映射网络驱动器"标签，弹出"映射网络驱动器"对话框。在"驱动器"下拉列表框中选择一个字母"O"作为网络驱动器的盘符，选中"登录时重新连接"复选框，如图 7-14 所示。单击"完成"按钮，自动打开网络驱动器"O:\"窗口。回到上一级窗口，在其中可以看到所创建的网络驱动器（网络驱动器图标上有网络电缆标志，而本地驱动器没有）。

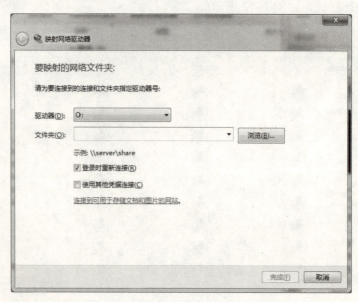

图 7-14 "映射网络驱动器"对话框

注：网络驱动器的使用方法和本地驱动器类似。如果网络资源的访问权限为只读共享，则其他用户就没有修改网络驱动器内容的权限。

(3) 共享打印机的设置。

可以通过安装共享本地打印机让其他用户在网络连接情况下打印自己的文档。

(a) 单击"开始"→"设备和打印机"，选择"添加本地打印机"选项，或在"网络"窗口中直接选择"添加打印机"选项卡，打开"添加打印机"对话框，如图 7-15 所示。选择"添加本地打印机"选项。

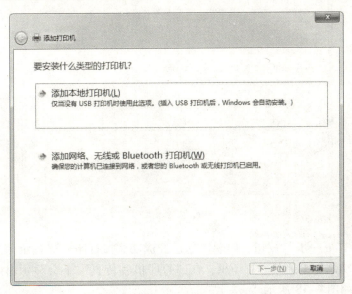

图 7-15 "添加打印机"对话框

(b) 单击"下一步"按钮，选择打印机端口，在打印机处于连接状态下可以直接使用现有的端口，这里选择 USB 口，如图 7-16 所示。

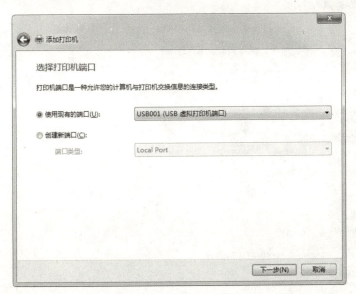

图 7-16 选择打印机端口

(c)单击"下一步"按钮,在罗列出的打印机型号中选择对应的打印机后,显示"打印机共享"选择对话框,如图 7-17 所示。选中"共享此打印机以便网络中的其他用户可以找到并使用它"单选钮,将这台打印机设置为默认打印机,可以在"共享名称"、"位置"、"注释"中输入该共享打印机的共享信息。

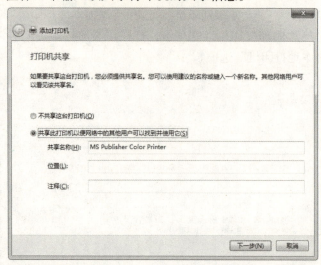

图 7-17 "打印机共享"对话框

(d)单击"下一步"按钮,出现"您已经成功添加打印机"提示信息,单击"完成"按钮,成功添加本地共享打印机,在"打印机和传真"下会显示出所添加的打印机图标,效果如图 7-18 所示。

图 7-18 成功添加打印机的效果

注：网络打印机的使用方法和本地打印机类似，使用网络打印机时，提供打印服务的计算机必须处于运行状态。

任务三　无线路由器的设置与无线设备的连接

实验步骤：

在具备宽带上网的场所，可以使用无线路由器进行无线设备的接入。

1. 准备好无线路由器（本实验以迅捷 FW313R 无线路由器的设置为例）和两根网线后，就可以开始无线路由的设置。两根网线中，一根连接宽带上网的交换机端（网络的出口端）和无线路由器的 WAN 口，另一根连接计算机和无线路由器的 LAN 口。连接好后，将无线路由的电源接通，可以看到无线路由器的各个指示灯点亮进行自检，而后只有电源指示灯亮，其余灯熄灭。（有的无线路由器只有一个指示灯，电源接通后，在没有联网时，灯是常亮的；在有网络数据传输时，灯是慢闪的状态。）

2. 在计算机上将 IP 地址设置为自动获取。

3. 打开浏览器，在地址栏中输入"falogin.cn"，即出现无线路由器设置页面，如图 7-19 所示（注：有些品牌的路由器在配置时访问的地址是 192.168.1.1）。

图 7-19　无线路由器设置页面

4. 根据向导的提示，在"设置密码"和"确认密码"框中分别输入密码并确认，单击 ➡ 按钮，进入"上网设置"页面，如图 7-20 所示。

5. 在"上网设置"页面中，将 IP 地址的获取方式选定为"自动获得 IP 地址"。单击 ➡ 按钮，进入"无线设置"页面，如图 7-21 所示。

6. 在"无线设置"页面中输入"无线名称"和"无线密码"，如图 7-21 所示。

设置完毕，单击 ➡ 按钮，显示设置完成的页面，如图 7-22 所示。

图 7-20 "上网设置"页面

图 7-21 "无线设置"页面

7. 单击 ✓ 按钮后，系统显示设置的综合页面，如图 7-23 所示。在这个页面里可以修改前面所设置的参数值。在此页面中，关闭页面即完成了无线路由器的设置工作。

图 7-22　设置完成的页面

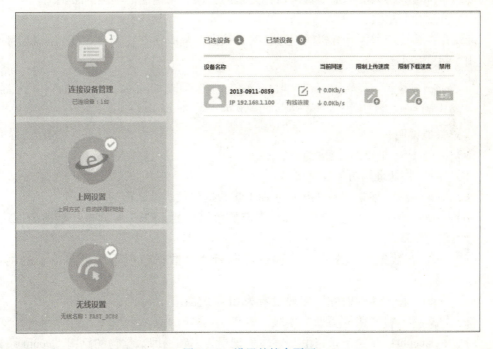

图 7-23　设置的综合页面

将计算机与无线路由器连接的网线拔掉，就可以通过无线路由器进行无线设备（如手机、平板电脑）的登录。计算机在配置了无线网卡后，也可以通过无线路由器实现无线上网。

7.2.2　网络的基本管理和维护

Windows 7 系统内置了网络测试命令，在命令提示符窗口中以命令行的方式实现网络命令的使用。使用过程中若不了解命令的使用方法和参数的含义，可以在命令后加"/?"，以显示该命令的功能、参数和使用说明的帮助信息，例如 C:\>ping　/?。

任务　网络测试命令的使用

在机房管理和维护过程中常用的网络测试命令有 ping、ipconfig、tracert、netsat 等。根据以下几个命令的提示，在机器上进行测试，并将命令执行结果的界面截图后进行记录。

实验步骤：

1. ping

ping 是测试网络连通状况以及信息包发送和接收状况最常用的工具，也是网络测试最常用的命令。通过对所发送、接收包的数据进行分析就可以得到网络的连通状况。

ping 向目标主机发送一个 32 字节的 IP 数据报到目标站点的主机上，记录下主机的响应时间，从而判断网络的响应时间和本机是否与目标主机连通。

如果执行 ping 不成功，则可以分析故障的原因：网线故障、网卡配置不正确、IP 地址不正确等。如果执行 ping 成功而网络仍无法使用，则要分析网络系统软件配置方面的原因。ping 成功只能保证本机与目标主机间存在一条连通的物理链路。

(1) ping 命令格式：

ping 命令验证与远程计算机的连通状况，该命令只有在安装了 TCP/IP 协议后才可以使用。格式如下：

$$\text{ping}\ [-t]\ [-a]\ [-n\ \text{count}]\ [-l\ \text{length}]\ [-f]\ [-ittl]\ [-v\ \text{tos}]\ [-r\ \text{count}]\ [-s\ \text{count}]$$
$$[[-j\ \text{host-list}]\ |\ [-k\ \text{host-list}]]\ [-w\ \text{timeout}]\ \text{destination-list}$$

(2) 参数说明：

(a) -t：ping 指定的计算机直到停止。

(b) -a：将地址解析为计算机名。

(c) -n count：发送 count 指定的 ECHO 数据包数。默认值为 4。

(d) -l length：发送包含由 length 指定的数据量的 ECHO 数据包。默认为 32 字节；最大值是 65527。

(e) -f：在数据包中发送"不要分段"标志，数据包就不会被路由上的网关分段。

(f) -ittl：将"生存时间"字段设置为 ttl 指定的值。

(g) -v tos：将"服务类型"字段设置为 tos 指定的值。

(h) -r count：在"记录路由"字段中记录传出和返回数据包的路由。count 可以指定最少 1 台、最多 9 台计算机。

(i) -s count：指定 count 指定的跃点数的时间戳。

(j) -j host-list：利用 host-list 指定的计算机列表路由数据包。连续计算机可以被中间网关分隔（路由稀疏源）IP 允许的最大数量为 9。

另外，还有参数 –k host – list、– w timeout 和 destination – list。" – k host – list" 表示利用 host – list 指定的计算机列表路由数据包，连续计算机不能被中间网关分隔（路由严格源）。IP 协议允许的最大数量为 9。" – w timeout" 指定超时间隔，单位为毫秒。"destination – list" 指定要 ping 的远程计算机。

最常用的用法是：ping IP 地址或主机名 [– t] [– a] [– n count] [– l size]，比如 ping – t www.haust.edu.cn，这里是将目标主机的域名直接作为 ping 的对象。域名 www.haust.edu.cn 主机的 IP 地址是 210.43.0.10，其执行效果与 ping 一个 IP 地址一样，例如 ping 210.43.0.10，执行结果如图 7-24 所示。

图 7-24   ping 命令执行结果

2. ipconfig

ipconfig 命令测试并显示本地主机的 IP 地址、网卡地址等信息，可以查看配置的情况。

（1）ipconfig 的命令格式：

ipconfig[/? |/all |/release [adapter] /renew [adapter]]

（2）参数说明：

使用不带参数的 ipconfig 命令可以得到以下信息：IP 地址、子网掩码、默认网关。

（a）/?：显示 ipconfig 的格式和参数的说明。

（b）/all：显示完整的配置信息，如主机名、DNS 服务器、节点类型、网络适配器的物理地址、主机的 IP 地址、子网掩码以及默认网关等。

（c）/release：释放指定适配器（或全部适配器）的 IP 地址。

（d）/renew：更新指定适配器（或全部适配器）的 IP 地址。

例如：C:\>ipconfig/all，命令执行结果如图 7-25 所示。

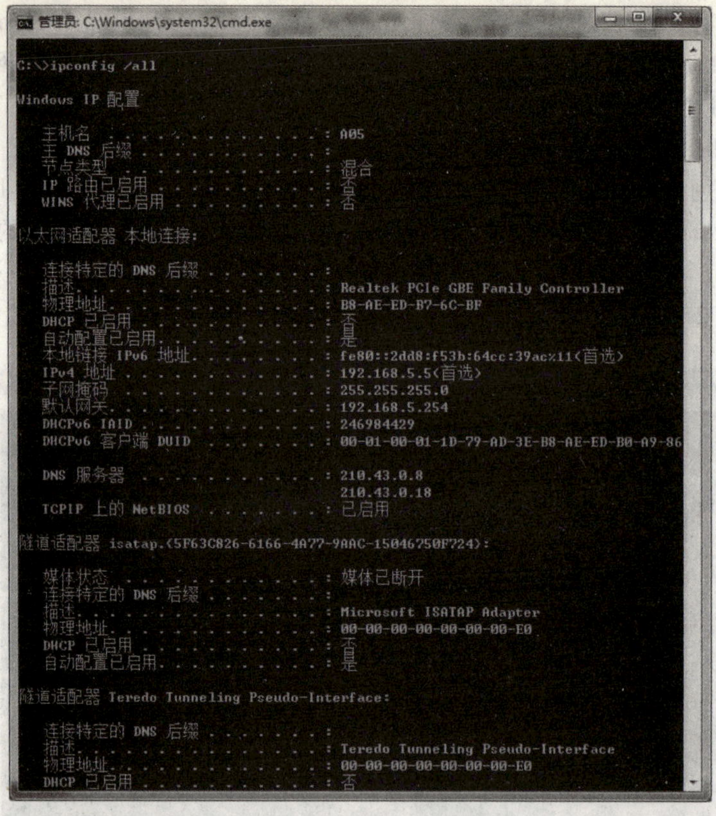

大学计算机基础实验教程

图 7-25　ipconfig 命令执行结果

3. tracert

tracert 命令显示用户数据所经过路径上各个路由器的信息，内容包括每条的编号、反应时间、站点名称或 IP 地址。从中可以查看路由器处理时间的差别。

（1）tracert 命令格式为：

　　tracert IP 地址或主机名 [-d][-h maximumhops][-j host_list] [-w timeout]

（2）参数说明：

（a）-d：不解析目标主机的名字。

（b）-h maximum_hops：指定搜索到目标地址的最大跳跃数。

（c）-j host_list：按照主机列表中的地址释放源路由。

（d）-w timeout：指定超时时间间隔，程序默认的时间单位是毫秒。

例如：C:\>tracert www.sohu.com，执行结果如图 7-26 所示。

4. netstat

netstat 为网络协议统计命令，用于查看网络协议的统计结果，发送和接收数据的大小，连接和监听端口的状态。

（1）netstat 命令格式为：

　　netstat [-a] [-e] [-n] [-p proto] [-s] [-r] [-t]

（2）参数说明：

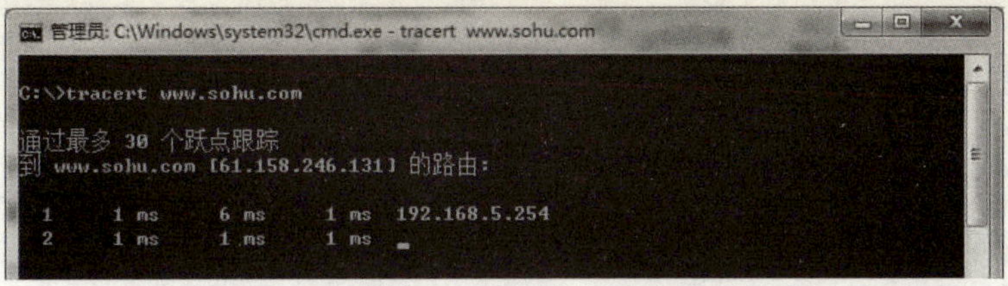

图 7-26 tracert 命令执行结果部分图

（a） -a：显示所有的 TCP 连接、所有侦听的 TCP 和 UDP 端口。
（b） -e：显示 Ethernet 统计，可以和/s 参数一起使用。
（c） -n：显示以数字形式表示的地址和端口号。
（d） -p proto：显示由协议参数 proto 指定的协议的连接，协议可以是 TCP、UDP、TCPv6、UDPv6。与参数/s 一起使用，会按协议显示统计信息，此时的协议可以是 TCP、UDP、IP、ICMP、TCPv6、UDPv6、IPv6、ICMPv6。
（e） -s：按协议显示统计信息。
（f） -r：显示 IP 路由表的内容，该参数的作用与 route print 命令等价。
（g） -t：指定再次自动统计、显示统计信息的时间间隔，t 值为秒。若没有指定，则在显示当前统计信息后退出。

例如：netstat -a，运行结果如图 7-27 所示。

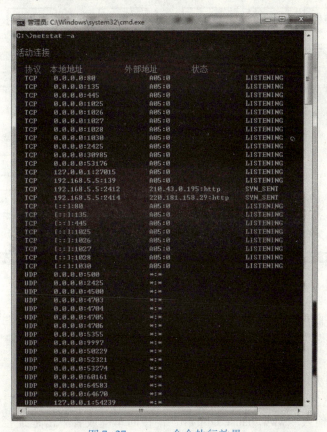

图 7-27 netstat 命令执行效果

7.2.3　IE 浏览器的使用

任务一　IE 浏览器的使用

实验步骤：

1. IE 浏览器的基本操作

(1) IE 浏览器的启动及界面

IE 浏览器是 Windows 操作系统自带的浏览器。依次单击"开始"菜单→"Internet Explorer"项，打开浏览器，如图 7-28 所示。

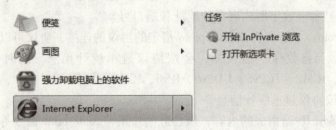

图 7-28　"开始"菜单中的"Internet Explorer"项

IE 浏览器界面的组成部分如图 7-29 所示。

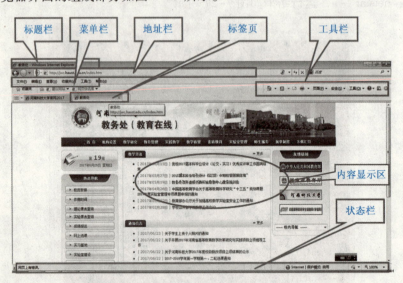

图 7-29　IE 浏览器界面的组成部分

IE 浏览器界面可自行设置。单击菜单栏中的"查看"→"工具栏"，勾选"菜单栏"、"收藏夹栏"、"命令栏"、"状态栏"等选项，即可在界面中对其显示或隐藏，如图 7-30 所示。

(2) 打开网页

打开 IE 浏览器，在地址栏中输入想要访问网站的地址，比如要访问河南科技大学，在地址栏中输入"www.haust.edu.cn"，按回车键或者单击地址栏右边的"转到"按钮即可。

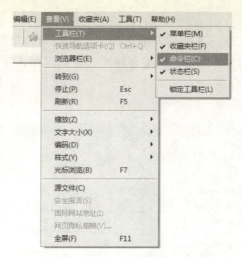

图 7-30 "工具栏"菜单的勾选项

(3)"前进"/"后退"按钮

单击超链接在网页之间进行浏览时,工具栏中的"后退"按钮和"前进"按钮会变亮,通过这两个按钮可快速地实现网页的后退和前进,如图 7-31 所示。

图 7-31 "后退"和"前进"按钮

(4)"刷新"按钮的使用

通过单击地址栏右边的"刷新"按钮或按 F5 键实现网页的刷新。图 7-32 中所圈定的按钮即"刷新"按钮。

图 7-32 "刷新"按钮

2. 保存网页的内容

(1)保存网页

在查阅资料时往往要保存网页中的内容,此时可单击"文件"菜单→"另存为",在"文件名"框中输入待保存网页的文件名,选取保存类型:.HTML 文档(.HTM/.HTML)格式或文本文件(.TXT)格式存盘,指定存盘位置,单击"保存"按钮,如

图 7-33 所示。

注意：在"保存类型"下拉列表中选择"Web 网页，全部（*.htm；*.html）"选项可将当前 Web 页面中的图像、框架和样式表全部保存，并将所有被当前页显示的图像文件一同下载并保存到一个"文件名.file"目录下，而且 IE 浏览器将自动修改 Web 页中的链接。

图 7-33　保存网页

（2）保存网页中的图片

在浏览的网页上想保存网页中的某个图片时，可以在该图片上单击鼠标右键→"图片另存为"（如图 7-34 所示），在弹出的对话框中设定文件名和保存位置，单击"保存"按钮。

图 7-34　保存网页中的图片

或者在图片上单击鼠标右键,选择"复制"命令,在目标文档中完成粘贴。

注意:如果在图片上单击鼠标右键后弹出的列表中没有"图片另存为"和"复制"选项,则可以采用拷屏的办法,将整个屏幕复制下来,然后在"画图"等图形处理软件中进行处理。

3. "收藏夹"菜单的使用

对要收藏的网页,可选择"收藏夹"菜单→"添加到收藏夹",如图 7-35 所示。

图 7-35 "收藏夹"菜单

在弹出的对话框的"名称"栏中输入该网站的名称(一般系统会自动将网页标题作为网站名称填入该栏)或自己给出命名,单击"确定"按钮便可将当前站点存放在收藏夹中,如图 7-36 所示。

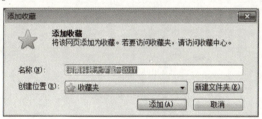

图 7-36 "添加收藏"对话框

若要将网页添加到某个子收藏夹中,可单击"添加到收藏夹"→"创建到"按钮,使"创建到"窗口展开,选择相应的子收藏夹,单击"确定"按钮。也可单击"新建文件夹"按钮,新建一个子收藏夹,并将浏览到的网页地址放入其中。

整理收藏夹的内容可以使之更加规整有序,单击"收藏"夹→"整理收藏夹",然后进行相应的操作,如创建、移动、重命名、删除等。

4. 搜索引擎的使用及信息检索方法

使用搜索引擎可以高效地获取所需的资源。由于搜索引擎设计时的目的、方向和技术不同,有时往往用同一关键字在不同的搜索引擎上查到的结果不同,所以在使用搜索引擎前要选择较为合适的引擎站点;同一个搜索引擎,关键字不同也可能获得不一样的结果。常用的搜索引擎有百度、谷歌、雅虎、搜狗等,如图 7-37 所示。

图 7-37　常用的搜索引擎

（1）选择关键词

关键词应能表达查找资源的主题，不要选用没有实质意义的词（介词、连词、虚词）作为关键词。同时，还要注意利用同义词来约束该关键词，才能保证检索结果的全面性和准确性。在确定了使用哪个搜索引擎后，最好先使用含义较广的词开始搜索，然后再逐步缩小范围。

（2）使用双引号进行精确匹配

如果查找的是一个确切的词组或短语，则可以用双引号把整个短语作为一个关键词，如"计算机学习"。若不用双引号，则凡是网页中包含"计算机"和"学习"这两个关键词之一的网页都会呈现出来。若用双引号，则只呈现包含该短语的网页，检索精确度将大幅度提高。

（3）利用选项界定查询

目前，越来越多的搜索引擎开始提供更多的查询选项，利用这些选项可以轻松地构造比较复杂的搜索模式，进行更为精确的查询，更好地控制查询结果的显示。

5. 快捷键的使用

IE 浏览器的常规快捷键很多，也很方便。比如要在网页中查找"比赛"这个词，可以按 Ctrl + F 组合键，在"查找"框内输入待查找的词"比赛"，按回车键确定后，网页中就将该词以高亮模式显示出来，如图 7-38 所示。

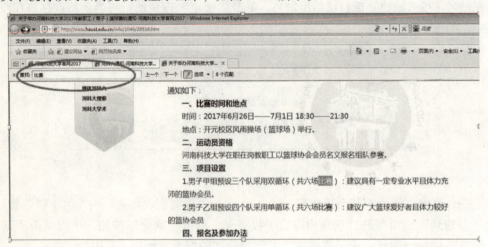

图 7-38　快捷键的使用示例

6. IE 的安全设置

（1）脚本设置

单击 IE 浏览器菜单栏中的"工具"菜单，弹出"Internet 选项"对话框，单击"安全"选项卡（如图 7-39 所示）→"Internet"→"自定义级别"按钮，然后进行相关的设置。在这里可以对"ActiveX 控件和插件"、"Java"、"脚本"、"下载"、"用户验证"等安全选项进行"启用"、"禁用"或"提示"勾选，如图 7-40 所示。

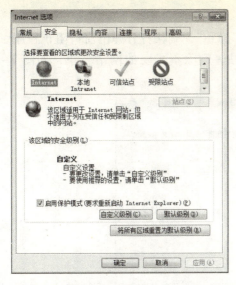

图 7-39 "安全"选项卡　　　　图 7-40 设置安全选项

（2）Cookies 设置

单击"工具"→"Internet 选项"→"隐私"选项卡，在"设置"区域通过滑杆来设置 Cookies 的隐私设置。从高到低划分为高、中、低几个级别，比如在中级设置中，调整级别高低可选择"阻止没有精简隐私政策的第三方 Cookie"、"阻止没有经您明确同意而保存可用来联系您的信息的第三方 Cookie"、"限制没有经您默许而保存可用来联系您的信息的第一方 Cookie"等级别，如图 7-41 所示。

（3）信息的分级审查限制

单击"工具"→"Internet 选项"→"内容"选项卡，将"内容审查程序"设为"启用"，如图 7-42 所示。

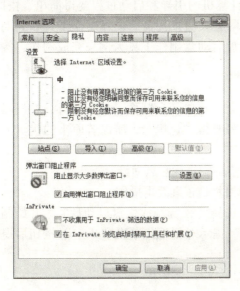 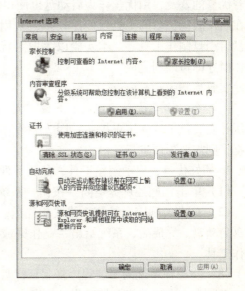

图 7-41 Cookies 设置　　　　图 7-42 内容审查程序

(4) 弹出窗口阻止程序

单击"工具栏"→"Internet 选项"→"隐私",确认打开弹出窗口阻止程序。单击设置选项,检查允许显示弹出窗口的网站,删除不需要的网站名单,如图 7-43 所示。

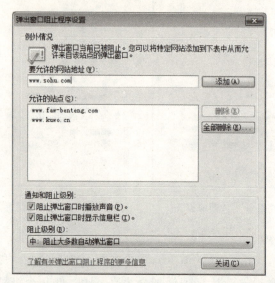

图 7-43 弹出窗口阻止设置

7.2.4 常用软件的使用

任务一 优盘启动盘的制作

在计算机的维护过程中,一定会使用启动盘。早期是使用光盘引导来启动计算机,随着优盘的普及,用优盘作为启动盘也使得计算机的引导和启动过程变得简单、快捷。现在制作启动优盘的工具软件比较多,常用的有大白菜优盘启动盘制作工具和老毛桃优盘启动盘制作工具等。本实验以大白菜优盘启动盘制作工具为例来完成制作,按照制作向导即可顺利完成。

实验步骤:

1. 准备一个空优盘,在网上下载"大白菜优盘启动盘制作工具"软件,在机器上解压并安装该工具。重点提示:因为制作中需要格式化优盘,所以若原来的优盘上有数据,则需要提前进行备份。

2. 插好优盘,启动制作工具,参照下列步骤制作优盘启动盘。

(1) 单击"归还优盘空间"按钮,系统提示是否继续本操作。

(2) 单击"确定"按钮,格式化优盘,选择"一键制成优盘启动盘",开始制作优盘启动盘。完成后,系统给出"制作完成"提示对话框,单击"确定"按钮后退出制作工具。

(3) 将操作系统的安装程序复制至优盘上。

至此,一个启动优盘的制作工作完成。

(注:操作系统的安装程序有安装版和 Ghost 版,只是安装过程的步骤不同,安装

效果是一样的。）

（4）启动盘的测试：

（a）重启计算机，在计算机启动界面按 Delete 键进入 BIOS 设置界面，把第一启动项设为优盘启动。

（b）启动优盘引导成功后，在出现的菜单中选择"运行 Windows PE（系统安装）"项。

（c）系统启动 PE 系统（这是一个简化的 Windows 操作系统，只有基本的功能模块），显示 Windows PE 桌面后，启动完成。

至此，启动优盘的制作和测试工作完成。

任务二　Ghost 工具的使用

Ghost 工具是一款高效、有用的工具软件，能够实现全自动无人值守的备份或还原操作。Ghost 工具的还原操作以硬盘的扇区为单位进行，是将硬盘上的物理信息完整复制，而不是数据的简单复制、粘贴。Ghost 工具可以将硬盘上的某个分区或整个硬盘直接备份到一个扩展名为 .gho 的文件（也称为镜像文件）里，也可以备份到另一个分区或硬盘里，还可以从一个硬盘、一个镜像文件恢复到另一个硬盘。

实验步骤：

1. 启动 Ghost。

在启动计算机后，出现操作系统选择界面时选择"一键 GHOST"项来启动计算机进入 Ghost 工具选项菜单，如图 7-44 所示。因为 Ghost 只在命令提示符环境下运行，分辨率较低，启动后的界面没有Windows 界面精致，并且鼠标的移动有跳跃感。

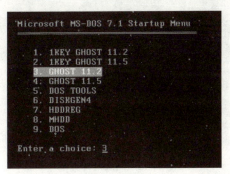

图 7-44　Ghost 工具选项菜单

2. 用上下箭头键或鼠标选择第 3 项"GHOST 11.2"，或直接输入数字 3 来选择第 3 项"GHOST 11.2"，首先显示的是 GHOST 说明页面，如图 7-45 所示。

3. 直接单击"OK"按钮进入 Ghost 操作菜单。Ghost 操作菜单共有 4 项：Local、Options、Help、Quit。一般工作中只会用到 Local 菜单。"Local"菜单有三个子菜单：

（1）Disk：硬盘备份与还原。

（2）Partition：磁盘分区备份与还原。

（3）Check：硬盘检测。

工作中主要使用"Disk"和"Partition"两个子菜单，如图 7-46 所示。

4. 以对硬盘上某个分区进行备份生成 .gho 文件为例。在如图 7-47 所示的"Local"菜单中单击"Partition"二级菜单，选择"To Image"项。

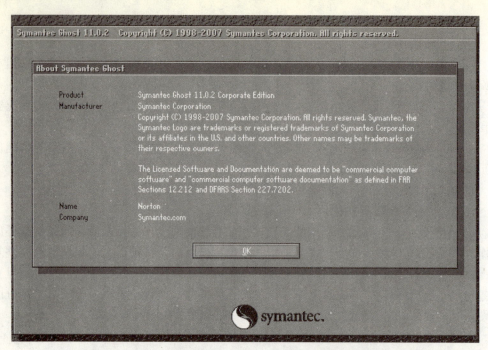

图 7-45 Ghost 说明页面

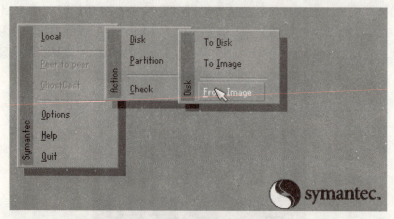

图 7-46 "Local" 菜单

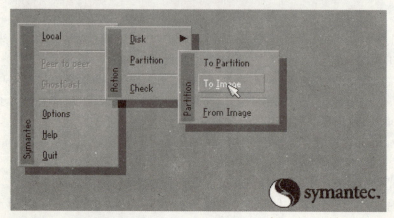

图 7-47 选择 "To Image"（制作镜像文件）项

5. 在键盘上用箭头键选择要备份的磁盘分区，即要进行备份的源数据盘，如图 7-48 所示，单击"OK"按钮。

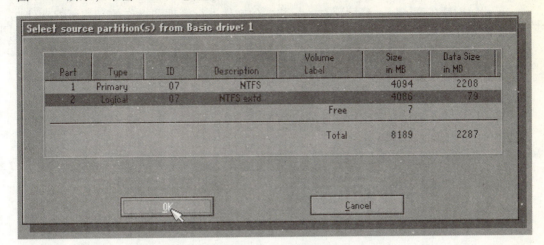

图 7-48　选择源数据分区

6. 在"Look in"下拉列表中选择生成的 .gho 备份文件要放置的磁盘，在所选定磁盘的内容列表中选择要放置的文件夹，在"File name"框中输入备份文件的文件名，如图 7-49 所示。单击"Save"按钮，备份过程开始，该过程的界面就是 Ghost 的经典界面。

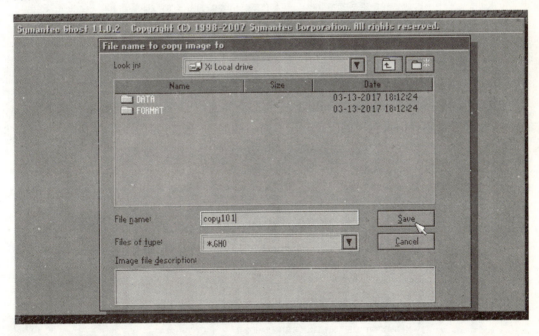

图 7-49　备份文件命名

7. 进度完成后，单击"退出"按钮，系统会自动重启，进入刚才设定的位置查看 .gho 文件是否存在。

8. Ghost 软件其他操作的步骤与本例中的步骤相似，只是选择操作项不同。

任务三　压缩工具 WinRAR 的使用

WinRAR 是在 Windows 环境下对.rar 格式的文件进行管理和操作的一款压缩软件。它支持很多压缩格式，除.rar 和.zip 格式的文件外，WinRAR 还可以为许多其他格式的文件解压缩。同时，使用这个软件也可以创建自解压可执行文件。

实验步骤：

1. WinRAR 的安装

WinRAR 的安装与众多应用软件的安装方法一样，双击下载后的安装文件，就会出现如图 7-50 所示的安装界面。

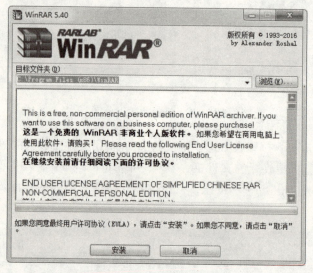

图 7-50　WinRAR 安装界面

单击"浏览"按钮并选择好安装路径后单击"安装"按钮。

在弹出的如图 7-51 所示的 WinRAR 安装选项界面中，可以根据需要来选择关联的文件、创建桌面等界面设置项的配置选项。对所需的选项进行勾选即可。

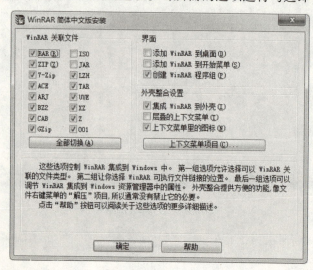

图 7-51　WinRAR 安装选项界面

选项说明：

（1）"WinRAR 关联文件"：用于选择由 WinRAR 处理的压缩文件类型，选项组中列出的文件扩展名就是 WinRAR 支持的压缩格式。

（2）"界面"：用于选择放置 WinRAR 可执行文件链接的位置，即选择 WinRAR 在 Windows 中的位置。

（3）"外壳整合设置"：用于在鼠标右键菜单等处创建快捷方式。一般情况下采用默认设置即可。

单击"确定"按钮后弹出安装完成的提示界面，根据提示单击"确定"按钮，整个 WinRAR 的安装工作完成。

2. WinRAR 压缩和解压缩操作

1）压缩文件

在要压缩的文件或文件夹上单击鼠标右键时，就会出现压缩文件快捷菜单，如图 7-52 中用方框标注的部分所示。

"添加到压缩文件"的使用：选择"添加到压缩文件"项后，会出现如图 7-53 所示的"压缩文件名和参数"对话框。在对话框中要进行的主要设置都在"常规"选项卡内。

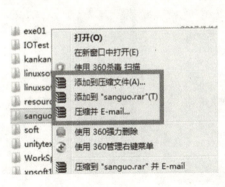

图 7-52 压缩文件快捷菜单

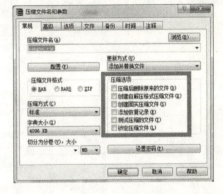

图 7-53 "压缩文件名和参数"对话框

（1）压缩文件名

单击图 7-53 中的"浏览"按钮，可以选择生成的压缩文件在磁盘上保存的具体位置和名称。

（2）配置

这里的配置是指根据不同的压缩要求，选择不同的压缩模式。单击"配置"按钮，会在该按钮的下方出现一个菜单，在菜单中可依据需要选择对应选项完成配置管理。

（3）压缩文件格式

可选择生成的压缩文件格式是 RAR、RARS、ZIP。

（4）更新方式

对以前曾压缩过的文件，现在由于更新等原因，需要再进行压缩的选项。

（5）压缩选项

选项组中最常用的是"压缩后删除原来的文件"和"创建自解压格式压缩文件"。前者在建立压缩文件后删除原来的文件，后者创建一个 EXE 可执行文件，以后解压缩时，根据压缩时设定的路径将解压后的文件进行存放，并可以脱离 WinRAR 软件自行解压缩。

（6）压缩方式

是对压缩比例和压缩速度的选择，由上到下选择的压缩比例越来越大，但速度越来越慢。

（7）切分为分卷，大小

当压缩后的大文件需要分割为多个小文件进行存放时，要选择压缩包分卷的大小，对小文件的大小进行设置，在其下拉列表中选择即可。

（8）压缩文件的密码设置

单击"设置密码"按钮弹出"输入密码"对话框，设置完成单击"确定"按钮退出。对于进行密码设置后的压缩文件，需要提供密码才能解压缩。

2）解压缩文件

（1）方法一

在要解压缩的文件上单击右键后，选择"解压文件"项，如图 7-54 所示。

弹出如图 7-55 所示对话框。在"常规"选项卡中完成基本参数设置。其中，"目标路径（如果不存在将被创建）"是解压缩后文件存放在磁盘上的位置，"更新方式"和"覆盖方式"用于在解压缩文件与目标路径中文件出现重名时的处理方式设置。

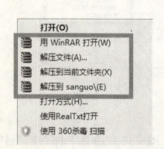

图 7-54 解压文件快捷菜单　　　　图 7-55 "解压路径和选项"对话框

一般在选定目标路径后，其他选项采用默认值。

（2）方法二

在图 7-54 中，单击"解压到当前文件夹"或"解压到 sanguo \"后，会直接将压缩文件中的源文件放置在当前文件夹下，或新建"sanguo"文件夹，将源文件放置在该文件夹下。

在日常使用过程中，会有一些快捷的操作，如不解压直接查看压缩文件的内容。双击压缩文件可直接打开压缩文件查看窗口，如图 7-56 所示。

在该窗口的文件列表区域显示的是压缩文件中所包含的源文件（图 7-56 中显示是一个文件夹，如果压缩时选择了多个文件而不是文件夹，则列表区内显示的就是多个

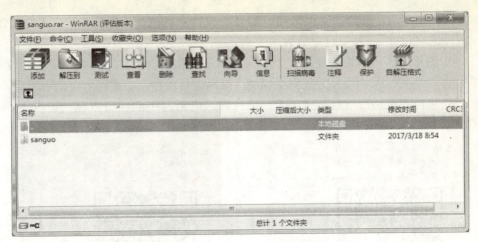

图 7-56　直接打开压缩文件查看窗口

文件）。可以双击直接打开其中的文件夹，也可以像未压缩时的文件一样进行阅读甚至修改，但如果有修改的操作，在关闭时，WinRAR 会提示是否进行修改操作的同步。

3. WinRAR 软件使用注意事项

（1）WinRAR 软件的使用需注意软件的版本。如果使用低版本的 WinRAR，则可能不能解压由高版本压缩的文件。

（2）虽然 WinRAR 软件兼容 WinZIP 生成的压缩文件，但有个别 ZIP 文件可能用 WinRAR 解不开，遇到这种情况时使用 WinZIP 进行解压即可。

（3）有关联设置的文件（如 .doc、.xls 文件）在如图 7-56 所示的 WinRAR 主窗口中，虽然没有解压但仍能打开相应的压缩文件，但这时被打开的文件处于写保护状态，若对该文件进行了修改，在存盘时会提示是否同步更新压缩文件中的内容。因为同步修改压缩文件的内容很容易引起压缩文件的损坏，在解压缩时无法解压，所以不建议以这种方式进行操作。

4. WinRAR 的卸载

卸载时，选择"控制面板"→"添加/删除程序"→"WinRAR"，在"添加/删除"选项组中单击"删除"就可完成卸载。

任务四　二维码的制作

实验步骤：

1. 下载绿色生成器软件来制作二维码

（1）在网络提供的资源中下载二维码生成器软件（这里以 PSytec QR Code Editor 软件为例，该软件为绿色免安装软件，执行 psqredit.exe 文件直接启动生成器），并准备好内容文档，如"长征.docx"文档和"周瑜名片.docx"文档，如图 7-57 所示。

图 7-57　生成器软件及素材文档

（2）单击执行生成器软件，弹出如图 7-58 所示的界面。

（3）在图 7-58 中选择"文本信息"选项卡，输入或将准备好的素材粘贴进去，在参数选择栏中,对"错误修正"和"型号"保持默认值,根据图片的像素需求设定生成图片的"尺寸",这里设定值为4。

(4)随着内容和参数的提供,二维码信息已经在窗口中显示出来,单击"文件"菜单中的"保存"或"另存为"对生成的二维码进行保存,二维码生成完毕。

(5)选择"电话簿信息"选项卡,依次输入电话簿中的项目内容,如图7-59所示,设定参数后,保存即可。

图7-58 二维码生成器界面

图7-59 电话簿二维码的生成

2. 使用网上在线生成器制作二维码

在网络上搜索"二维码生成器",会出现大量的在线二维码生成器,这里以"草料二维码生成器"为例来完成二维码的在线生成。

(1)登录"草料二维码"官网,其主界面如图7-60所示。

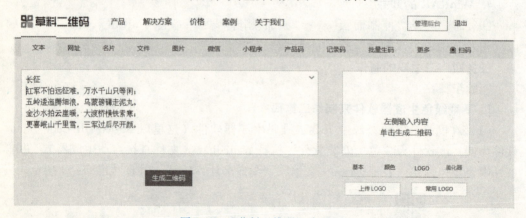
图7-60 "草料二维码"主界面

(2)根据所需的二维码内容选择"文本"、"网址"等选项卡(本步骤以文本生成为例来实现带LOGO的二维码生成过程)。在"文本"选项卡的文本输入框中输入或粘贴素材内容,如图7-60所示。

(3)单击图 7-60 右下角的"上传 LOGO"按钮,在弹出的"打开"对话框中选定要作为二维码 LOGO 的图片,本例中上传一张红军战士的八角帽图片。

(4)单击"生成二维码"按钮,在图 7-60 右侧就显示出二维码的图片,如图 7-61 所示。

图 7-61　带 LOGO 的二维码

(5)保存所生成的二维码信息即完成了在线二维码的制作过程。可以用手机扫描测试制作的效果。

(6)在草料二维码生成器中制作名片等企业、产品的二维码要求用户注册。可以在注册后,依次选择相应的二维码项,填入对应的素材内容,单击"生成二维码"按钮即可。制作周瑜的名片二维码页面如图 7-62 所示,具体过程不再赘述。生成的二维码如图 7-63 所示。

图 7-62　制作周瑜的名片二维码界面

图 7-63　生成的二维码

对以上二维码的扫描结果不再进行描述,可以用扫描来检测制作的效果。